北京市绿色印刷工程——优秀青少年（婴幼儿）读物绿色印刷示范项目

科学发明
发现的由来

杜宝贵　张淑岭◎编著

从无线电通讯到电器应用

CONG WUXIANDIAN TONGXUN DAO DIANQI YINGYONG

真实再现科技的历史
引领您迈进科学殿堂

北京出版集团公司
北京出版社

图书在版编目（CIP）数据

从无线电通讯到电器应用 / 杜宝贵，张淑岭编著．——
北京：北京出版社，2016.1
　（科学发明发现的由来）
ISBN 978 - 7 - 200 - 11684 - 7

I．①从… II．①杜… ②张… III．①无线电通信—
青少年读物②电器—青少年读物　IV．①TN92–49
②TM5–49

中国版本图书馆 CIP 数据核字 (2015) 第 266994 号

科学发明发现的由来
从无线电通讯到电器应用
CONG WUXIANDIAN TONGXUN DAO DIANQI YINGYONG
杜宝贵　张淑岭　编著

*

北　京　出　版　集　团　公　司
　　　　　　　　　　　　　　　　　　出版
北　京　出　版　社
（北京北三环中路 6 号）

邮政编码：100120

网　　址：w w w . b p h . c o m . c n

北 京 出 版 集 团 公 司 总 发 行
新　华　书　店　经　销
北京市雅迪彩色印刷有限公司印刷

*

787 毫米 ×1092 毫米　　16 开本　　13.25 印张　　200 千字
2016 年 1 月第 1 版　　2016 年 1 月第 1 次印刷
ISBN 978 - 7 - 200 - 11684 - 7

定价：35.80 元

质量监督电话：010–58572393
责任编辑电话：010–58572459

导　读

人类对自然的认识，从愚昧混沌到睿智成熟，可谓经历了一个漫长的过程。这是一个向智慧和想象力挑战的过程，充满诗意。

自然科学是研究无机自然界和包括人的生物属性在内的有机自然界的各门科学的总称。认识的对象是整个自然界，即自然界物质的各种类型、状态、属性及运动形式。认识的任务在于揭示自然界发生的现象以及自然现象发生过程的实质，进而把握这些现象和过程的规律性，以便解读它们，并预见新的现象和过程，为在社会实践中合理而有目的地利用自然界的规律开辟各种可能的途径。自然科学包括物理学、化学、地质学、生物学等等。

自然科学的根本目的在于寻找自然现象的原因。自然科学认为超自然的、随意的和自相矛盾的实验是不存在的。自然科学的最重要的两个支柱是观察和逻辑推理。由对自然的观察和逻辑推理自然科学可以引导出大自然中的规律。假如观察的现象与规律的预言不同，那么要么是因为观察中有错误，要么是因为至此为止被认为是正确的规律是错误的。一个超自然因素是不存在的。

18世纪以前自然科学与哲学几乎不可分开。古希腊的哲学家也同时是自然科学家。勒奈·笛卡尔、戈特弗里德·威廉·莱布尼茨、约翰·洛克等著名的自然科学家也同时是哲学家。一些人认为亚里士多德是自然科学的创始人，伽利略·伽利莱被认为是将实验引入自然科学的第一人。自然科学界在近现代诞生了牛顿、爱因斯坦等科学巨匠。

舒适的版面

现代人读书，比传统的读书人能够享受更多的人性化照顾，这是时代的进步，也是阅读革命和读图时代给读者人的馈赠。充满美学细节的版式设计，使阅读者毫不疲倦地从每一页的细节单元中，轻松获得了更多的信息。

精美的插图

"读图"是我们这个时代的阅读时尚，因而也被潮流冠以了"读图时代"这么个庄严的名称。其实这只是人类视觉元素的一种丰富，文字是符号，图片也是符号，两者相得益彰，谁也不排斥谁。在本书中，我们在诠释图片的时候，尽可能提供一种崭新的角度，使其和故事呼应补充。细心的读者也许会发现，其实在图片中还隐藏了许多用文字无法表述清楚的故事，这就是图片的神奇魅力了。

我们相信每一个读者都能读出自己的故事。

科学大事记

人类历史知识博大精深，就是历史专家也不可能全能全知。善于利用大事记来掌握历史发展的脉络，无疑是阅读中记忆知识的一条捷径。

考考你

通过该板块的问题来帮助你回忆、整理该节所阅读的内容，但我们相信它会暗示你有意识地去记忆一些你认为有意义的名词或者数字。

科学大事记　1952年　英国欧格耳提出络合物结构配位场理论

关键词 ● 扫描 SCAN

科学发明发现的由来

二、滚筒扫描式传真机

▲ 1848年，贝克韦尔进一步发展了贝恩的传真技术，他最突出的贡献就是发明了滚筒扫描技术，这一技术直到今天仍在应用。图为贝克韦尔发明的滚筒扫描装置示意图

1848年，改进了贝恩的□□式传真机。

他把图片□圈就发射一个□步转动，绘图□但贝克韦尔□大利人乔万尼□在贝克韦尔发□效的同步装置。

▲ 贝克韦尔传真机模型

在1865年—1870年间□法国邮电部采用卡塞利□发明，在马赛和巴黎之间□送图片。光电现象和光电□发明之后，就使用了把光□号变成电信号的方法。

1925年，贝尔实验室的研究人员利用光电管和真空管，发明了今天我们所使用的传真机。传真机由两个滚筒、光电管、充有气体的灯（辉光灯）、棱镜和透镜组成。

先把要传输的文字或图片放在滚筒上，经过透镜和棱镜折射后传到光电管中，光信号就变成了电信号，传到另一端。电信号会使辉光灯产生或明或暗的灯光，这个灯光经透镜和棱镜折射后，照射在另一个滚筒上的感光纸上，感光纸便一行一行地逐点曝光，就得到和原来一样的文字或图片了。

144

考考你 ▶ 至

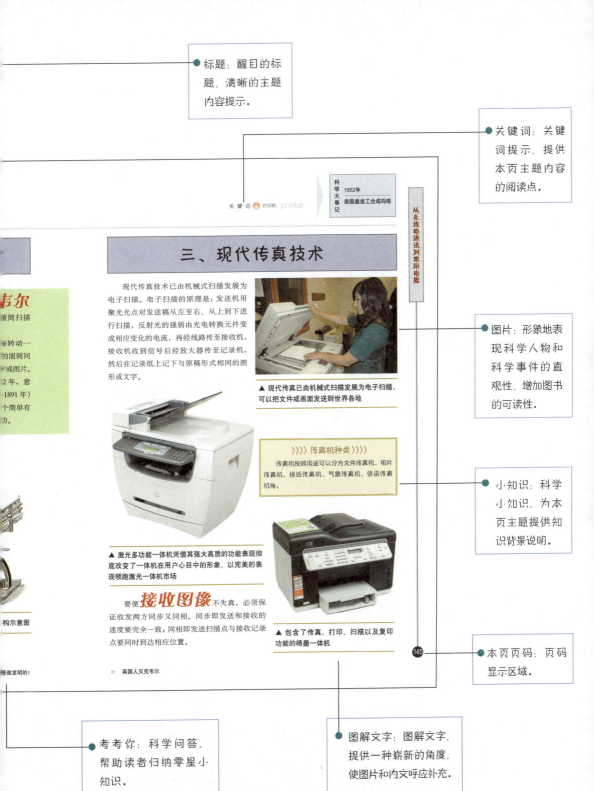

标题：醒目的标题，清晰的主题内容提示。

关键词：关键词提示，提供本页主题内容的阅读点。

关键词 🖨 打印机 printer

科学大事记 | 1952年 美国盖兹工合成吗啡

从无线电通讯到常用电器

三、现代传真技术

现代传真技术已由机械式扫描发展为电子扫描。电子扫描的原理是：发送机用聚光光点对发送稿从左至右、从上到下进行扫描，反射光的强弱由光电转换元件变成相应变化的电流，再经线路传至接收机，接收机收到信号后经放大器传至记录机，然后在记录纸上记下与原稿形式相同的图形或文字。

▲ 现代传真已由机械式扫描发展为电子扫描，可以把文件或画面发送到世界各地

图片：形象地表现科学人物和科学事件的直观性，增加图书的可读性。

〉〉〉〉传真机种类〉〉〉〉
传真机按照用途可以分为文件传真机、相片传真机、报纸传真机、气象传真机、信函传真机等。

小知识：科学小知识，为本页主题提供知识背景说明。

▲ 激光多功能一体机凭借其强大高质的功能表现彻底改变了一体机在用户心目中的形象，以完美的表现领跑激光一体机市场

要使**接收图像**不失真，必须保证收发两方同步又同相。同步即发送和接收的速度要完全一致，同相即发送扫描点与接收记录点要同时到达相应位置。

▲ 包含了传真、打印、扫描以及复印功能的喷墨一体机

▶ 英国人贝克韦尔

145

本页页码：页码显示区域。

考考你：科学问答，帮助读者归纳零星小知识。

图解文字：图解文字，提供一种崭新的角度，使图片和内文呼应补充。

韦尔
表筒扫描

再转动一的滚筒同不或图片。2年，意·1891年）个简单有力。

构示意图

是谁发明的？

科学是永无止境的，它是一个永恒之谜。

——爱因斯坦

目　录

赫兹与电磁波

马可尼、波波夫和无线电通讯

无线电元器件

无线电广播和收音机

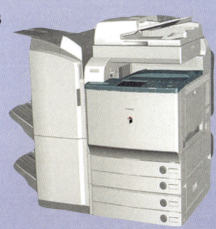

赫兹 与 电磁波

电学大师麦克斯韦在他的巨著《电磁学通论》中，曾预言电磁波的存在。1879 年，麦克斯韦去世后，德国柏林科学院悬赏重金征求电磁波存在的实验证明。1888 年，德国人赫兹用实验证明了这种波的存在，从而发现了电磁波。电磁波的发现，为无线电报、收音机、电视的应用奠定了基础。

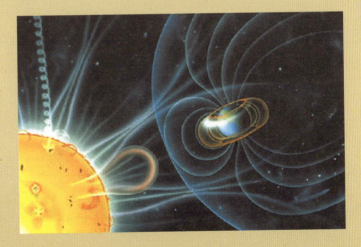

▶ 经过几代科学家的艰苦探索，人们终于看到了电磁波的庐山真面目

一、证明了麦克斯韦电磁波假设

▲ 赫兹像

德国物理学家，于1888年首先证实了电磁波的存在，并对电磁学有很大的贡献，故频率的国际单位制单位便以他的名字命名。

赫兹发现了电磁波

鲁道夫·赫兹（1857年—1894年）出生于汉堡一个比较富裕的家庭，小学和中学时，学习成绩都很优秀。1877年，他进了慕尼黑大学，在这里，他只读了一年。1878年10月，就转到了柏林大学，成了基尔霍夫和亥姆霍兹的学生。基尔霍夫是节点电流和电压定律的发现者，亥姆霍兹是能量的守恒和转化定律的发现者之一，是当时世界上著名的物理学家。在两位大师的指导下，赫兹的学习成绩和实验技能都十分优秀。

1880年，赫兹在柏林大学获得了博士学位。毕业后，在亥姆霍兹手下做了近3年的实验研究工作，主要是关于电磁学方面。

1883年，**赫兹**到了基尔大学当了一名讲师，讲授数学物理。

1885年，赫兹来到卡尔斯鲁厄工学院，担任物理学教授。这个学校有一个设备很好的物理研究所，赫兹验证电磁波的实验就是在这里进行的。

▲ 赫兹发现电磁波，证实了麦克斯韦的预言

📖 **考考你** ▶ 是谁第一次预言了电磁波的存在？

麦克斯韦虽然在理论上预言存在着电磁波，但他并没有提出产生电磁波的方法。1883 年，爱尔兰物理学家菲茨杰拉德由麦克斯韦的理论得出，载有高频交流电的线圈就应该可以向周围的空间辐射电磁波，而莱顿瓶的振荡放电就能产生高频交流电。莱顿瓶放电的振荡特性是汤姆孙（开尔文勋爵）在 1853 年把能量的守恒和转化定律用在莱顿瓶研究上而得出的结论。

1855 年—1856 年间，另一位科学家费德森用高速转镜法观察了莱顿瓶放电时的火花，发现火花确实是由一系列火花组成的。菲茨杰拉德的结论是从理论上得出的，他没有做过这方面的实验。

1879 年，柏林科学院重金征求电磁波存在的实验证明时，赫兹没有尝试去解决这个难题，他觉得当时的条件还不够，但他把这个问题放在了心里。

▲ 电磁研究的集大成者——麦克斯韦

麦克斯韦（1831 年—1879 年）是著名的英国物理学家，对电磁场理论的建立起到了决定性作用。

1886 年春，赫兹在讲课进行演示实验时发现，让电池或莱顿瓶通过一个线圈放电，很容易在另一个线圈里产生火花。赫兹在研究了菲茨杰拉德的著作后敏锐地判断出这些火花很可能就是麦克斯韦预言的电磁波。于是，赫兹对实验装置进行了改进。他把莱顿瓶接到了高压线圈上，然后，把高压线圈连在了带有铜球的锌板上，最后，用弯成圆形的铜环来检测电火花。

◀菲茨杰拉德像

爱尔兰物理学家（1851 年—1901 年）。在青年时代，他是个有名的科学保守派，他不为麦克斯韦提出的电磁辐射理论所动，反而发表了一篇文章，坚持认为电磁振荡不可能产生类光波动。此文发表后没过几年，赫兹便证明这是可能办到的。

赫兹的实验

赫兹是在一个黑暗的教室里进行实验的，电磁波的存在是用一个由圆形线圈构成的共振电路来检测的，线圈的间断为一距离可调的窄火花隙。波的变化磁场使线圈感生一种交变电动势，线圈的尺寸要选择得使它的固有振荡频率和波源相同。这样，检测器上由于共振而感生的振荡就可以逐渐加强，最后足以使空隙中跳出火花。

▲ 赫兹最伟大的贡献是用实验证实了电磁波的存在，这不仅证明了麦克斯韦理论的正确，也为人类利用无线电波开辟了道路

赫兹把这个检波器放在房间的不同地方，用来确定电磁波的波长。在火花较亮的地方，就是波峰或波谷；在完全没有火花的地方，就是零。用这种方法，赫兹测出火花的波长是 30 厘米。

▲ 赫兹发明的检波器

由麦克斯韦理论，此火花应产生电磁波，于是赫兹设计了一个简单的检波器来探测此电磁波。

▲ 赫兹的实验现场

如果 **电磁波** 真的是一种波的话，它就应该具有波的各种特性。如能够被反射、被折射等。为了验证产生的电火花就是一种波，赫兹对它进行了各种实验。

🎓 **考考你** ▶ 赫兹用什么仪器探测电磁波？

二、反射、折射和偏振实验

为了检验**火花**的性质，赫兹用 2 米高的弯曲的金属板代替铜环作为检波器，把感应线圈和交流电机相连，产生火花的铜球也被放在了金属板上。

1. 证明电磁波是直线传播的

如果在产生火花的金属板和作为检波器的金属板之间，放一块导体，如一块金属板，则在检波器上看不到火花。如果放一块非导体，则能够看见火花。这不仅证明电火花可以穿过非导体，同时也证明，电火花是直线传播的。如果它是弯曲传播的，则它被放入的导体阻碍后，也能被接收器检测到，那就能在检波器上看到火花。

▲ 赫兹早期实验的发射设备

▲ 赫兹实验用的检波器

2. 反射实验

如果把产生火花的金属板对准一块金属板，而检波器也对准这块金属板，虽然金属板和检波器之间呈一定的角度，则能在检波器上看到火花。如果拿掉金属板，则看不到火花。这个实验说明电火花能够被反射。

▲ 赫兹的谐振器检测赫兹波

关键词 ◯ 衍射 *diffraction*

3. 折射实验

赫兹用沥青做了一个三棱镜，放在发射器和检波器之间。移动检波器，在某些位置没有火花，调整角度，会出现火花。在某位置，火花最强。这个实验证明，电火花也和光一样会发生折射。

▲ 赫兹用实验证明了麦克斯韦的电磁理论是正确的

4. 偏振实验

赫兹把一个装有金属线的金属屏放在发射器和检波器之间，当竖直放置时，在检波器上没有产生火花。金属屏横向放置时，能够在检波器上看到火花。这个实验证明，电火花是一种平面偏振波。

此外，赫兹还对电火花进行了干涉和衍射实验。通过一系列实验证明，电火花具有波的所有性质。因此，可以确定，它就是电磁波。

后来，赫兹又测量了电磁波的速度，发现波速果然和光的速度相同。

赫兹的实验结果发表后，震动了整个物理学界，许多科学家重复了他的实验，他们把这种波叫"赫兹波"。

AN DIESER STAETTE ENTDECKTE
HEINRICH HERTZ
DIE ELEKTROMAGNETISCHEN WELLEN
IN DEN JAHREN 1885-1889

▲ 卡尔斯鲁厄大学校园内的赫兹雕像

1888年1月，赫兹将这些成果总结在《论动电效应的传播速度》一文中。赫兹实验公布后，轰动了科学界。由法拉第开创、麦克斯韦总结的电磁理论，至此才取得决定性的胜利。

📖 **考考你** ▶ 谁证明了电磁波的真实存在？

三、产生电磁波的原因

▲ 麦克斯韦对电磁的深入研究，为电磁的广泛应用奠定了坚实的基础

由麦克斯韦的理论可知，只要有变化的电场存在，就可以产生电磁波。

因为变化的电场可以在它周围产生变化的磁场，变化的磁场又在它的周围产生变化的电场。这样进行下去，向空间传播，就产生了电磁波。而稳定不变的电场，如直流导线也可以在它周围产生磁场。但由于直流电的大小和方向都稳定不变，因此这个磁场是稳定不变的。所以，不会产生电磁波。

赫兹实验使用的莱顿瓶，可以供给高压线圈电能。当莱顿瓶放电时，它储存的电会逐渐流到线圈上，线圈就会在自己的周围产生一个由弱到强的磁场。当**莱顿瓶**的电完全放完时，线圈周围的磁场达到最强，这时的电能就全部转为了磁场能。

当电全部流到线圈上时，电流并没有停止，它会从线圈流回莱顿瓶，给莱顿瓶反向充电。在这个过程中，线圈周围的磁场，会由于电流的减小而由强变弱。当莱顿瓶充满电时，线圈周围的磁场就会减小到零。

>>>> 麦克斯韦的求学生涯 >>>>

麦克斯韦出生于英国的爱丁堡，父亲是律师，他自幼爱好机械和研究科学问题。麦克斯韦10岁进入爱丁堡中学，14岁时由于写了一篇题为《论卵形曲线的机械画法》的科学论文，说明如何用大头针和线作椭圆曲线而荣获学术院的数学奖。几年后，他又给皇家学会送去两篇论文：《关于旋轮线的理论》和《论弹性体的平衡》。因皇家学会讲台不允许一个穿夹克衫的小孩走上去，他的论文只好由别人代读。他16岁进入爱丁堡大学学习物理，3年后转入剑桥大学三一学院。在剑桥学习时，他跟随斯托斯教授学习数学，打下了扎实的数学基础。他天资聪颖，加上良好的教育，为他后来从事的创造性活动打下了深厚的基础。

▲ 少年麦克斯韦

7

科学发明发现的由来

接下去会重复第一个过程，这样循环下去，就会在线圈周围产生一个变化的磁场，这个变化的磁场会在周围空间感应出变化的电场。这样，在空间一直进行下去就成了电磁波。

其实莱顿瓶就是一个电容器，高压线圈就是一个电感器。电容器和电感器组成的电路中，能量就像荡秋千的小孩一样，一会儿上，一会儿下。因此，这种电路被叫作——振荡电路。

▲ 麦克斯韦电磁方程组，该方程组确定了电荷、电流、电场和磁场之间的普遍联系，是电磁学的基本方程

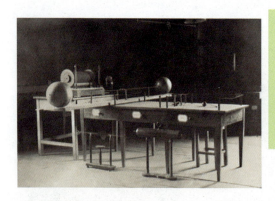

◀赫兹的电磁波产生及波检测实验装置

在**振荡电路**中，不只电感器周围会产生出一个变化的电场和磁场，在电容器周围也会产生出相应的变化。电场和磁场都会经历一个从弱到强、从强到弱的过程。

>>>> 经典电磁理论的创立 >>>>

麦克斯韦一生从事过多方面的物理学研究工作，他最杰出的贡献是在经典电磁理论方面。在剑桥读书期间，麦克斯韦阅读了法拉第的《电的实验研究》，他敏锐地领会到了法拉第的"力线"和"场"的概念的重要性。但他注意到全书竟然无一数学公式，这说明法拉第的学说还缺乏严密的理论形式。麦克斯韦决心弥补法拉第工作的这一缺陷。他以法拉第的力线概念为指导，透过书中似乎杂乱无章的实验记录，看出了它们之间实际上贯穿着一些简单的规律。1855 年他发表了一篇论文《论法拉第的力线》，把法拉第的直观力学图像用数学形式表达了出来，文中给出了电流和磁场之间的微分关系式。法拉第看过这篇论文后，大加赞赏。1860 年，29 岁的麦克斯韦去拜访年近 70 岁的法拉第，法拉第勉励麦克斯韦继续努力。1861 年，麦克斯韦深入分析了变化磁场产生感应电动势的现象，独创性地提出了"分子涡旋"和"位移电流"两个著名假设。

🎓 考考你 ▶ 在描述波的时候一般会用到哪几个物理量？

四、波长、频率和周期

描述一个波的物理量通常有3个——波长、频率和周期。

波长——沿着波的传播方向，两个相邻的同相质点间的距离，也就是一个振动周期内波传播的距离。在实际中横波的波长常用两个相邻的波谷间的距离来表示。

周期——事物在运动变化过程中，某些特征多次重复出现，连续两次出现所经历的时间叫周期。

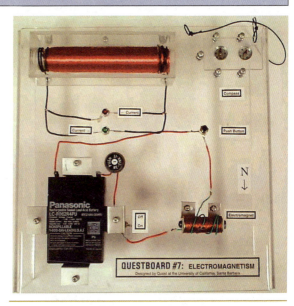

▲ 在法拉第的研究基础上，麦克斯韦对电磁感应规律进行了理论上的总结

波速＝距离／时间＝波长／周期。机械波的波速由介质的弹性模量和密度决定。电磁波在真空中传播的速度等于光速。

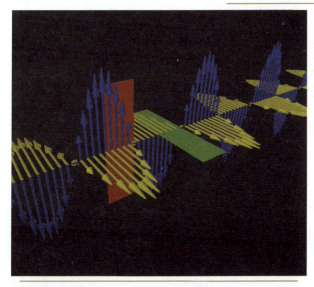

▲ 事实证明，麦克斯韦对电磁波的预言是完全正确的

频率——每秒内完成的周期性变化的次数。

波长、频率和波速是电磁波的 3 个基本特征，它们之间有非常密切的关系。赫兹根据光波的长度和频率计算出光的传播速度接近每秒 3×10^5 千米。

波的重要特征除波长、频率和波速之外，还有幅度和相位。幅度指的是用角度表示波动点的位置，每一个完整的周期是 $360°$。

赫兹的实验是科学史上的一件大事。在此之前，人们对麦克斯韦的理论是将信

▲ 1888 年，成了近代科学史上的一座里程碑。赫兹的发现具有划时代的意义，它不仅证实了麦克斯韦发现的真理，更重要的是开创了无线电电子技术的新纪元

▲ 麦克斯韦集前人的研究成果于一身，是电磁理论的集大成者

将疑的，在赫兹的实验之后，麦克斯韦的电磁理论得到了普遍的公认。同时，电磁波的发现也为电磁波的应用打开了大门。在这之后不久，意大利人马可尼和俄国人波波夫就利用电磁波实现了远距离的通讯。

1889 年，赫兹应聘到波恩大学任教，接替克劳修斯的职位。他对物理学的另一贡献就是发现了光电效应，爱因斯坦就是因为对这一现象的解释而获得了诺贝尔奖。

1894 年，37 岁的赫兹因病去世。

马可尼、波波夫和无线电通讯

麦克斯韦预言了电磁波的存在，赫兹找到了这种电磁波。而赫兹也和麦克斯韦一样，是注重理论研究的科学家，没有想到把自己的发现用于实际应用。当他的朋友问到电磁波用于通讯的可能性时，赫兹回答："要想利用电磁波进行通讯，就非得有一面和欧洲面积差不多的巨型反射镜才行。"赫兹去世后不久，电磁波就被实际应用了。由于用电磁波通讯不用导线，因此又称无线电通讯。无线电通讯的发明人是意大利人马可尼和俄国人波波夫。

◀ 赫兹对电磁波的研究开辟了无线电时代的新纪元

一、从布冉利管到粉末检波器

▲ 爱德华·布冉利像

要进行**通讯**，就得突破赫兹所达到的 3 米的接收距离。要达到这个距离，就得改进接收装置。

1888 年，法国科学家爱德华·布冉利（1844 年—1940 年）发现，当电磁波通过金属粉末时，其导电率会大大增加。经过两年的实验和改进，1890 年，布冉利向科学院呈送了他制作的金属屑检波管。这是一个玻璃管，里面装有铁屑，两边各有一个电极，接上电池以后，能在 140 米外探测到电磁波，这个管后来被叫作布冉利管。

布冉利管有一个缺点，就是当电磁波通过时，金属屑会黏结在一起，不能松开。英国伯明翰大学的教授奥利弗·洛奇（1851 年—1940

年），对布冉利管进行了研究，发现当电磁波通过金属屑时，电阻会由无穷大降到 5 欧姆左右。针对金属屑的黏结，洛奇对此进行了改进。他在布冉利管旁边增加了一个由电磁铁控制的小锤，金属屑黏结后，经小锤一敲，就松散开了。他把这一套装置叫粉末检波器。这种检波器可以在 800 米之外检测到电磁波。马可尼和波波夫的无线电接收装置，使用的就是这种粉末检波器。

▲ 在早期的无线电技术时期，奥利弗·洛奇提出了许多创新，发明了无线电探测器，并利用调谐电路，发明了扬声器

🎓 **考考你** ▶ 用布冉利管探测到的电磁波的最远距离是多远？

二、马可尼与无线电通讯

马可尼（1874年—1937年），生于意大利的波伦亚，赫兹发现电磁波那年，马可尼才14岁。上大学时，受物理教授奥古斯特·里奇的影响，马可尼对物理学实验很感兴趣。

▲青年时期的马可尼

1894年，也就是赫兹去世的那年，20岁的马可尼偶然读到介绍赫兹电磁波实验的一篇文章。马可尼被赫兹的实验吸引住了，使他不能理解的是，很多的科学家竟然忽视了这个理论的应用。

▲ 马可尼发明的无线电报机

▶ 1901年12月，马可尼和他的助手在纽芬兰岛圣约翰市的信号山，接收有史以来第一次跨越大西洋的无线电信号

马可尼决心使用这种电磁波来传递信号。这样，马可尼就开始了用电磁波传递信号的实验，最初的实验成果是一个**无线电**装置。

▲ 马可尼和他早期的无线电装置

▲ 1933年马可尼（左）

马可尼把改装了的电铃放在楼下，他仿照赫兹的发射电磁波的装置放在楼上。当楼上的装置发射电磁波后，楼下的电铃就响了起来。而这之间并没有导线相连。

初步的成功使马可尼深受鼓舞，马可尼想利用无线电来传递莫尔斯电码，于是马可尼就把莫尔斯电报机分别接上了电磁波的发射和接收装置。

▲ 马可尼纪念邮票

马可尼，意大利著名的物理学家和工程师。无线电通信的奠基人。

🎓 **考考你** ▶ 在马可尼的无线电实验中最初应用到了什么装置？

经过不断的实验和改进，通讯的距离能够达到140米。在实验过程中，他发现，在发射机的铜球上接一根长导线可以增加通讯距离。这根长导线也就是最早的天线。

1895年夏天，马可尼进行了一次成功的实验。他把天线高挂在院子里的一棵树上，发射机放在三楼实验室，结果在距离实验室1.7千米远的一个小山丘上，收到了电信号。

>>>> 莫尔斯电码 >>>>

莫尔斯电码由短的和长的电脉冲（称为点和划）所组成。点和划的时间长度都有规定，以一点为一个基本单位，一划等于3个点的长度。在一个字符内，各点划之间的间隔时间为一个点的长度，而字符和字符之间的间隔为3个点的长度。字与字之间的间隔为5个点的长度。莫尔斯电码各个字符的申码长度是不一样的，因此属于不均匀电码。

▲ 1920年马可尼在他的"伊莱特娜"号游艇无线电舱内

1920年，马可尼买了这艘游艇，把它改装成一座浮动实验室，游艇里除了有书房、卧室、洗澡间外，最引人注目的是无线电舱，舱里有实验仪器和各种长短波无线电收发报机，专供通信实验用。马可尼在这艘游艇上进行了很多重要的通信实验，包括证实短波可以进行远距离通信的实验。

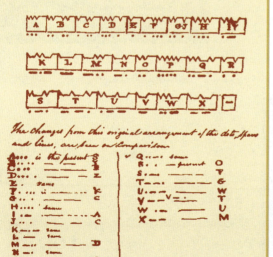

▲ 莫尔斯电报开创了人类通信的新纪元

科学发明发现的由来

▲ 经过改进，逐渐完善的莫尔斯电报机

这时，马可尼在实验经费上遇到了困难，他请求意大利工业部部长给予支持。由于当时的意大利政府非常腐败，对技术发明很不重视，马可尼的要求被拒绝了。

1896 年，22 岁的马可尼离开意大利来到英国，因为英国比较重视发明。而且，马可尼的母亲是英国人，那里的亲戚也许能够帮上忙。在伦敦，专利局的官员建议他去找英国邮电局的总工程师普利斯先生。

普利斯 看到马可尼的发明后，认为这个发明非常有发展前途，于是说服邮政部给予赞助。在普利斯和英国邮政部的支持和赞助下，马可尼继续进行研究和实验。在一次公开的实验表演中，通讯距离达到了 12 千米。1897 年，马可尼在接收信号装置中用上了布冉利管，使通讯距离增加到 40 千米。

▲ 邮电局的总工程师威廉·普利斯

▶ 1895 年，21 岁的马可尼在自家花园里成功地进行了无线电波传递实验

英国海军部看到无线电对海军通讯非常有用。因此，对这项发明的推广工作给予了大力的支持。也是在这一年，马可尼在表兄戴维斯的帮助下，成立了无线电报和信号有限公司，23 岁的发明家担任总工程师。这个公司就是马可尼无线电公司的前身。1898 年 7 月无线电报正式投入商业使用。

🎓 **考考你** ▶ 马可尼最初用的发报机叫什么？

第一份无线电报是给著名科学家、大西洋海底电缆的铺设者开尔文勋爵拍发的，收费1先令。

马可尼使用的发报装置是由赫兹的实验装置改进而来的，马可尼只是增加了一个按键。由于发报时，两个铜球间会产生火花，因此又叫火花式发报机。

▲ 无线电演示
1923年6月，政客们在一处无线电站观看无线电演示。右侧为马可尼。

它的工作原理是用手指按下按键，线路闭合，两个铜球在感应线圈的作用下发出强烈的火花，产生强大的电磁波向外发出。

▲ 莫尔斯电报收报机

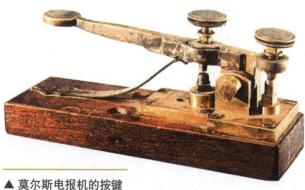

▲ 莫尔斯电报机的按键

▲ 1905年的马可尼

▶ 火花式发报机

▲ 1903 年，马可尼和他的助手在实验室工作

马可尼的无线电接收机是由继电器、带有铁锤的布冉利管、莫尔斯收报机和电源组成。它的工作原理是电波到达布冉利管后，就会使粉屑管的电阻减小，一组电路闭合，继电器内的电磁铁就会吸引铁片，从而使另一组电路闭合，莫尔斯收报机就会印出莫尔斯电码。同时，电磁铁会吸引小锤敲击粉屑管，使粉屑疏松，等待接收下一个信号。发射机压键时间的长短，决定接收机印的是"点"还是"划"，点和划组合在一起就是莫尔斯电码。

▶ 马可尼观看助手放飞风筝天线

1901 年 12 月 12 日，年仅 27 岁的马可尼创造了奇迹，他将无线电天线牢牢地系在高飞的风筝上，发射了一个莫尔斯电码"S"。它穿行了约 3200 千米，横跨了大西洋。这个信号从英国康沃尔郡的波尔德胡镇发出，在不到 1 秒钟的时间内就到达了接收地加拿大纽芬兰的圣约翰。

▲ 马可尼在他的"伊莱特娜"号游艇上的邮票

1899 年，马可尼的无线电成功地跨越了英吉利海峡，实现了从英国的多佛尔到法国的威姆勒之间的无线电通讯。

马可尼感到自己的成功离不开布冉利发明的粉末检波器，于是拍发了这样一封电报：马可尼谨借这次飞越英吉利海峡的无线电报向布冉利先生致敬，这光辉的成就的一部分应该归功于布冉利先生所进行的杰出工作。

🎓 考考你 ▶ 莫尔斯电码中的点或者划是由什么控制的？

三、波波夫的无线电

▲ 亚历山大·波波夫像

波波夫，俄国物理学家，无线电通信的创始人之一。

布金把一根长导线竖立起来，用布冉利管测量了遥远的雷阵，把高空闪电产生的电磁波用电铃或打字机接收并记录下来。

无线电的另一个发明者就是俄国科学家亚历山大·波波夫（1859 年—1906 年），波波夫的道路并不像马可尼那样一帆风顺。波波夫毕业于彼得堡大学数学物理系，后来又读了几年研究生，研究的仍然是物理学。

赫兹发现电磁波的消息传来时，波波夫 29 岁。1889 年，波波夫在 30 岁时重复了赫兹的实验，并且产生了用电磁波进行无线电通讯的设想。

1894 年，也就是赫兹去世的那年，波波夫和同事雷

▲ 波波夫演示他的无线电报机

波波夫的装置实际上就是一台简单的无线电接收机，他把这个装置叫作"雷暴指示器"。波波夫也是最早认识天线重要性的人，1895 年，他发现在发射机和接收机上装上天线可以增大电磁波的传送距离。1896 年，他成功地进行了 250 米的无线电通讯，使用的是莫尔斯电码，电文内容是"海因里希·赫兹"。

▲ 波波夫发明的无线电报机

▶ 发射机压键时间的长短

波波夫的**发射机**也是对赫兹实验装置的改进。不过，波波夫的改动更大一些，主要部件有开关、电池、线圈、天线。线圈有两组，同时起到电磁铁的作用。天线的上端指向天空，下端和金属板相连，埋在地下。

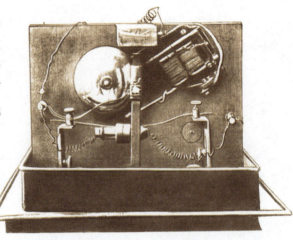

▲ 波波夫发明的无线电装置

▲ 波波夫实验用的无线电接收机

◀ 亚历山大·波波夫纪念碑

它的工作原理是开关接通时，初级线圈有电流流过，铁芯变成电磁铁，电磁铁吸下衔铁，电路断开。一旦断开后，电路中不再有电流，衔铁会重新复位，使电路接通……这样，在初级线圈中就产生了一个不连续的电流。同时，匝数比较多的次级线圈就会产生出一个很高的电压，产生火花放电，由天线向外辐射电磁波。当开关断开时，就会停止发射电磁波。所以，只要控制开关的接通时间，就可以把莫尔斯电码发出去。

🎓 考考你 ▶ 波波夫在一次实验当中发现什么物体能够发射电磁波？

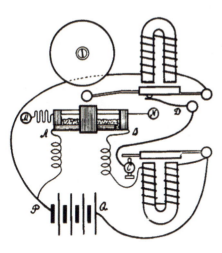

▲ 波波夫发明的无线电装置示意图

接收机

波波夫的**接收机**中也使用了天线，主要部件有电池、电磁铁、粉末检波器和莫尔斯收报机。它的工作原理是在没有电磁波时，金属粉末的电阻很大，继电器和检波器组成的电路电流很小，继电器不能工作。收到电磁波后，金属粉末会聚在一起，使电阻降低，继电器会吸住衔铁，接通莫尔斯收报机，把信号记录在纸上。同时，会接通另一个继电器，吸引小锤敲击粉屑管，使粉屑松散，等待接收下一个信号。当没有电磁波信号时，继电器会释放衔铁，收报装置就会停止记录。

波波夫的发射机和接收机都用上了天线。

从时间上看，波波夫的发明和马可尼在同一时期。由于俄国封建落后，不但官员不懂，就是物理化学协会的人也不了解这项发明的实际意义，而

海军司令部则把这项发明当作军事秘密。因此，虽然和马可尼同时取得了研究成果，但在后来的发展中却大大落后了。1897年，通讯距离达到640米，同年夏天达到5千米。

1899年，为营救"阿普拉克辛海军上将"号军舰，波波夫在科尔卡城和科克兰岛之间建立了通讯联系，通讯距离达到了40千米。在实验的过程中，波波夫发现金属物体能够反射电磁波。波波夫预见到这一发现有重大的实用价值，便把这一情况报告了海军司令部。可这个报告，没有受到海军部的重视。随后，英国人沃森·瓦特开始对这一现象进行研究，从而发明了雷达。

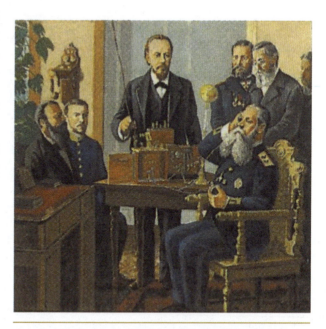

▲ 1895年5月7日，波波夫在彼得堡俄国物理化学协会的物理分会上，展示了世界上第一台无线电接收机，表演了无线电通讯

四、调谐的应用

1. 调谐的产生

这个时期的发报机在发射电报时，两个金属球之间会产生火花，又叫火花式发报机。这种火花，并不是单一频率的电磁波，而是几种频率混合在一起的混合波。

如果同一地区有几台发报机同时在工作，那么，它们之间就会互相干扰。而且，一台发报机发出的电报，临近的接收机都可以接收，这使无线电报的传送无任何秘密性可言。要避免这种情况的发生，就必须让不同的发报机使用不同的频率，这就产生了一个新的概念"调谐"。

调谐 的概念是由布冉利管的改进者、英国伯明翰大学的教授洛奇首先提出来的。那位获得高压输电专利的塞尔维亚人特斯拉也提出过类似的观点。通过调谐，可以把几种频率的电磁波变成单一频率的电磁波。

我们知道，电磁波是由电容器和电感器产生的。电磁波频率的高低和电容器充放电时间的长短有关系。电容器的充放电时间越长，产生的电磁波的频率越低；充放电时间越短，产生的电磁波的频率也越高。因此，调节电容或电感的大小就可以改变电磁波的频率。

▲ 马可尼在发射机和接收机上都装上了调谐电路

1895 年，马可尼在发射机和接收机上都装上了调谐电路。调谐电路由可变电容器和电感线圈组成，安装在发射和接收天线上。这样，通过调节电容的大小就可以产生和接收到单一频率的电磁波了。

考考你　▶　调谐的概念最初是由谁提出来的？

2. 电容的大小和作用

电容器充放电时间的长短与电阻、电容及充电电压都有关系。两个电极（导体）被绝缘物质分开就构成了一个电容器。它能够储存电，但会很快地把电放掉。可以说，莱顿瓶就是最早的电容器。1874年，德国人鲍尔在两个金属电极之间加入云母，从而发明了云母电容器。

▲ 最早的电容器——莱顿瓶

▲ 法拉第像

法拉第（1791年—1867年），英国著名物理学家、化学家。在化学、电化学、电磁学等领域都做过杰出贡献。他家境贫寒，未受过系统的正规教育，但却在众多领域中做出惊人成就，堪称刻苦勤奋、探索真理、不计个人名利的典范，对于青少年富有教育意义。

电容的大小与两极板正对面积的大小、两极板之间的距离以及放入的电介质有关系。

电容 的单位是法拉，用 F 表示。是为了纪念法拉第对电容研究所做出的贡献而制定的单位。法拉第早在 1837 年就对电容进行了研究。他发现，把绝缘物质（现在叫电介质）放入电容器的两极板之间就可以增大电容。他把放入介质后的电容和未放入介质时电容的比值叫作该介质的电容率（今天，我们称之为介电常数）。

▲ 法拉第发明的电容器装置

23

科学发明发现的由来

3. 电感的大小和作用

把普通导线弯成螺旋状就成了电感器。电感的单位为亨利，是为了纪念自感现象的发现者美国人亨利而确定的。

通常，线圈所绕的圈数越多，电感越大；在线圈中插入铁条，也会使电感增大。电感越大，产生的电磁波频率也就越低；电感越小，产生的电磁波频率也就越高。

▲ 亨利像

▶ 电感器广泛应用于计算机、通讯设备、消费类电子产品

电感器 在日常生活中最常见的应用是作为荧光灯的镇流器。这种灯内充有稀薄的气体，如果电压过大，就会被击穿，灯管就会损坏，接入一个电感器，就会分走一部分电压。

4. 调谐电路中电容、电感和电磁波周期频率的关系

$$f=1/(2\pi\sqrt{LC})$$

$$T=2\pi\sqrt{LC}$$

（T 表示 LC 振荡电路的周期，C 表示电容的大小，L 表示电感的大小）

由公式可以看出，增大电感或电容可以使频率降低，波长加大；降低电感或电容可以使频率增加，波长减小。

▲ 多波段收音机使用的可变电容器

调谐的应用，使每台发报机都可以调出与别的发报机不同的频率。这样，即使有几台发报机在同一地区同时工作，也不会产生相互干扰的问题。

随后的实践证明，使用单一频率，不但可以发送莫尔斯电码，而且也可以发送声音。

我们今天的收音机中的调台，用的就是可变电容器。这种可变电容器是通过调节两极板的正对面积，达到调节电容大小的目的。

考考你 ▶ 马可尼因为在无线电通信领域的成就而获得什么奖？

五、越洋通讯

▲ 马可尼在威尔富利特建立的无线电发射站有 4 个 75 米高的发射塔

1901 年，马可尼去了美国，在美国建立了马可尼公司美国分公司。在加拿大的纽芬兰，马可尼收到了来自英国的电信号。从英国到加拿大，隔着一个广阔的大西洋，无线电真的可以传得这么远吗？马可尼又给英国南部的康沃尔郡拍发了电报，证明无线电信号确实横越了大西洋。

不久，马可尼开办了美洲与欧洲之间的无线**电报业务**。马可尼由于在无线电通信领域所做的杰出贡献，而荣获了 1909 年的诺贝尔物理学奖。

由于无线电报的便捷与及时，各国的船主和海军部门都在自己的船上或军舰上配备了无线电收发报设备，这能使船主或海军指挥部门确切知道自己的船或军舰正处于什么位置。

▶ 阿普顿的工作为环球无线电通讯提供了重要的理论依据

同时，**无线电报**的开通，也为警察捉拿罪犯创造了条件。1910 年，一艘英国客轮从利物浦开往加拿大，船长亨利·肯逗怀疑乘客中有在伦敦杀死妻子的凶手——医生克里喷和他的情人莱涅芙。当时莱涅芙女扮男装，用发卡把头发向上夹住，假冒克里喷 10 多岁的儿子。船长用无线电报把这一情况通告了英国警察局，刑警队队长杜沃特马上搭乘一艘更快的船，提前赶到了加拿大，逮捕了两名凶犯，这在当时是轰动一时的新闻。

无线电报在海上救援中也起到了无可替代的作用。1912 年，当时世界上最大的轮船"泰坦尼克"号，在第一次航行时就撞上了冰山，在船下沉之时，船上的电报员用无线电向邻近的船只求救，离"泰坦尼克"号 93 千米的"卡尔巴夏"号收到了求救信号，迅速驶往出事地点，救出了 700 多人。实际上，有一条船距离出事地点比"卡尔巴夏"号要近得多，由于这条船的无线电接收设备没有开机，因而未能及时救援，否则的话，会有更多的人获救。由于这次灾难的教训，国际上规定，一定吨位以上的船必须配备无线电设备，无线电报机要保持 24 小时开机。

▲ 雷达现在已经广泛应用于军事、经济、社会各领域

马可尼和波波夫的发明只是电磁波应用的开始，在此之后，电磁波的应用就更广泛了。1906 年，无线电广播出现。1911 年，无线电开始为飞机和轮船导航。1925 年，电视开始出现。1935 年，雷达出现并用于防空。

随后，无线电被用于遥控、遥测、卫星通讯等方面。

如今无线电不但广泛应用于商业、军事、工业等，而且我们的日常生活也用到了无线电波，用微波炉烘烤食品更快，而且更方便。

无线电元器件

现代电子工业的发展很迅速，在国民经济中的作用越来越大，特别是在自动化、军事、国防上的巨大作用。广播、通信、电视、雷达、电子计算机、自动控制设备、火箭和卫星中的控制系统、遥控等都离不开两种基本元件——二极管和三极管。

▶ 1904 年，约翰·弗莱明
发明的第一个真空二极管

一、真空二极管的发明

真空二极管是马可尼公司的技术顾问约翰·弗莱明发明的。

约翰·弗莱明（1849年—1945年），与发明青霉素的那个弗莱明是两个人，约翰·弗莱明曾是著名物理学家麦克斯韦的学生，后来成了一名电气工程师，在马可尼公司里任职。他的发明来源于爱迪生发现的热电子发射现象。

▲ 早期的爱迪生灯泡和灯座

爱迪生在实验灯泡的照明时发现，电灯在使用后会逐渐变黑，爱迪生怀疑是灯丝上放出某种粒子的缘故。

1904年，受爱迪生效应的启发，弗莱明在灯泡里加了一个筒形金属片做阳极，把做阴极的灯丝包围了起来。当金属片接正极时，电路有电流流过，接负极时，没有电流。弗莱明把这一发明叫"热电子阀"。意思是，它像阀门一样，只允许一个方向的电流流动。由于是在一个真空灯泡内装有两个电极，人们就把它叫作真空二极管。

▲ 约翰·弗莱明像

二极管发明后，并没有马上应用到无线电接收装置中。因为它有一个提高性能的过程，但它的出现，为真空三极管的发明奠定了基础。

▲ 青年时期的爱迪生

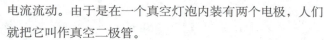

爱迪生效应示意图

（1）将金属片接入电池正极，电流表中会有电流通过

（2）金属片上的电压越高，电流越大

（3）如果让金属片上的电压极性为负，就没有电流通过

🎓 **考考你** ▶ 真空二极管是根据什么原理发明的？

二、真空三极管的出现

在二极管发明后两年，即1906年，美国人福雷斯特发明了三极管。

福雷斯特（1873年—1961年），出生在美国的伊利诺伊州，耶鲁大学毕业。1899年，福雷斯特到位于芝加哥的西方电器公司工作，先在发电机部，后在电话研究所工作。在这里，他系统地研究了接收讯号的检波器。

就在这时，马可尼应邀到美国访问，在纽约偶然结识了**福雷斯特**。马可尼的谈话给了福雷斯特很大的启发，他决心成为一个发明家，而不是做一名普通的技术人员。

此后，他辞去了西方电器公司的工作，借了钱建了自己的研究所，开始了自己的发明生涯。1902年—1906年期间，

▲ 三极管的发明者——美国的福雷斯特

▲ 1906年，福雷斯特利用弗莱明发明的二极管原理，在此基础上研制出了三极管

他先后取得了同步机、发电机天线防水装置等34项专利。

正当他想利用真空灯泡做检波器的时候，从大洋对岸传来了弗莱明发明二极管的消息。

福雷斯特研究了弗莱明发明的二极管。出于好奇，他在灯丝阴极和金属板阳极之间加了一小块锡箔作为第三极。通电实验发现，通过阳极的电流会随着加在第三极的电压的变化而变化。而且，锡箔片越是靠近阴极，阳极电流的变化也就越大。

29

▶ 爱迪生效应

科学发明发现的由来

　　这说明，电流受到了第三极信号的控制。就这样，真空三极管发明出来了。

　　后来，福雷斯特用铂丝编成栅状网代替锡箔，放在靠近阴极的位置。实验发现只要加在铂丝网的电压有一个微小的变化，阳极电流就会产生一个很大的变化。

▶ 无线电广播

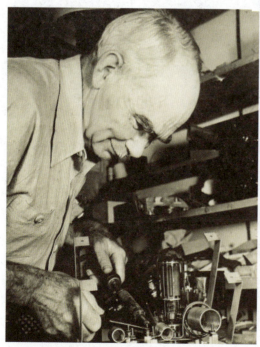

▲ 车间里正做机器改装的福雷斯特

　　福雷斯特把这个 **铂丝网** 叫栅极，把他的发明取名为"三极检波管"。

　　三极管是第一个能够把信号放大的器件。

　　有了三极管，无线电设备的灵敏度大大提高了。利用栅极，不仅可以准确控制发射电源的强度，而且可以把接收到的电信号放大。使无线电不仅可以传递莫尔斯电码，而且可以逼真地传递语言、音乐及其他声音信号。

　　因此，福雷斯特的发明为无线电广播以及早期的计算机的发展奠定了基础。

30

考考你 ▶ 福雷斯特"无线电之父"的称号从何而来？

▲ 福雷斯特因发明了三极管而获"无线电之父"之称

福雷斯特发明三极管后，并没有引起业内人士的关注，人们不知道他发明这个灯泡有什么用。当他带着自己的发明，走访了几家大的电气公司，试图说服他们给予赞助时，非但没有得到应有的支持，相反，把他看作是招摇撞骗的江湖术士，一家公司的经理甚至把他当作骗子送进了警察局。为此，他甚至受到了纽约法庭的审判。

在被告席上，福雷斯特自信地宣称："历史将证明，我已经发明了空中帝国的王冠。"

后来的发展证明了福雷斯特的预言，三极管在无线电通讯领域的地位是其他任何器件所无法取代的。

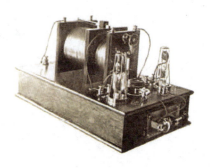

▲ 1907 年，福雷斯特发明的音频接收机装置

▲ 福雷斯特当年发明的无线电接收机模型

三极管 除了具有放大作用外，它和电容器、电感器组合在一起就可以取代火花发射机。它能够产生单一频率的等幅振荡的电磁波，频率可以达到几十兆赫，这是火花发射机无论如何也无法达到的频率。

▶ 发明了真空三极管

三、二极管、三极管原理

1897年，英国科学家约瑟夫·汤姆逊发现电子以后，电流、爱迪生效应、二极管和三极管等现象才逐渐有了合理的解释。

1900年—1903年，英国物理学家理查森用实验证明，在真空中被加热的金属丝（灯丝）能够发射电子。

理查森的实验不仅很好地解释了爱迪生效应，而且为解释电流、二极管、三极管的工作原理创造了条件。

▲ 理查森发现了电子发射与温度的依赖关系

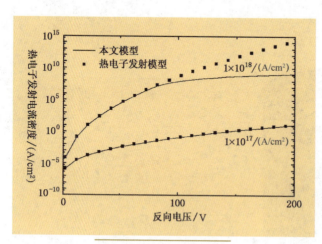

▲ 热电子发射模型原理图

电流就是线路内电子的定向移动。电子的这种流动就形成了电流。这与电学中电流方向的规定正好相反，电流在电源外部是从正极流向负极的。

二极管单向导电的原因是如果灯丝接的是阴极，那么，它发射的电子就会受金属阳极的吸引，而向阳极流动，电路中就有电流。如果灯丝接的是阳极，金属板接的是阴极，那么灯丝产生的电子就会受到金属阴极的排斥而原地不动。这样，真空管中电子不移动，也就没有电流了。因此，二极管只允许有一个方向的电流。

🎓 **考考你** ▶ 二极管的特点是什么？

▲ 发光二极管

早期的**二极管**直接用灯丝做阴极，后来才发展为专有的阴极。灯丝被用来加热阴极。

在真空三极管中，栅极到阴极的距离比阳极到阴极的距离近得多。因此，栅极对阴极的影响要比阳极大得多。

当栅极的电压升高时，阴极的电子所受的吸引力就加大，就会有更多的阴极电子被吸出，飞向栅极。而栅极是一个网状物，其中的大多数电子会穿过栅极网到达阳极，这样，阳极的电流就会增加很多。

当栅极的电压降低时，栅极对阴极电子的吸引力就减小，飞向栅极的电子数量就少许多，而穿过栅极网到达阳极的电子也就相应少多了。

因此，栅极电压一个很小的变化，就会使阳极中的电流产生一个很大的变化。

这就是三极管具有放大作用的原因。

调整可变电阻，改变栅极电压。当栅极电压比阴极还要低时，相当于栅极做负极，而阴极做正极，此时电子就不再流动，三极管处于完全截止的状态。因此，三极管可以用来当作开关使用，通过相应的电路控制，它的开关速度比普通开关快得多。

由于真空管是靠电子的运动来工作的，因此真空管又叫作电子管，真空二极管叫作电子二极管，真空三极管叫作电子三极管。

晶体三极管按材料分为两种：储管和硅管，而每一种又有 NPN 和 PNP 两种结构形式。

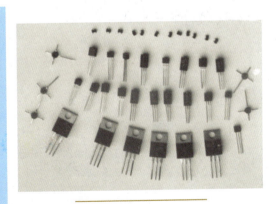

▲ 三极管的电流放大原理

▶ 只允许一个方向的电流流动

关键词 ◯ 矿石收音机 crystal radio

四、矿石检波器

1900 年，美国人邓伍迪发明了一种比布冉利管接收性能更好的无线电接收器，这就是矿石检波器。

这种检波器由铅矿石（主要成分硫化铅）和金刚砂混合在一起制成。

它的接收效果比布冉利粉末管要好得多。

其实，这应该是最早的晶体管，只不过邓伍迪本人不知道。

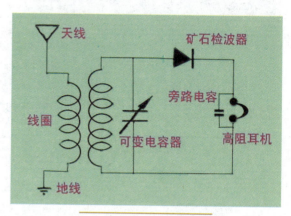

天线　**矿石检波器**　**旁路电容**　**高阻耳机**　**可变电容器**　**线圈**　**地线**

▲ 矿石收音机功能原理图

▲ 矿石收音机

很快这种接收装置就代替了需要用小锤敲打的布冉利粉末管了。弗莱明发明的二极管没有马上应用的原因之一，就是这种矿石检波器被广泛地应用了。

几年以后，邓伍迪利用矿石接收器加上其他器件制成了**矿石收音机**。

今天，我们习惯把用天线、地线以及基本调谐回路和矿石检波器组成的、没有放大电路的无源收音机称为矿石收音机，它是最简单的无线电接收装置，主要用于中波公众无线电广播的接收。

34

🎓 考考你 ▶ 矿石检波器是谁发明的？

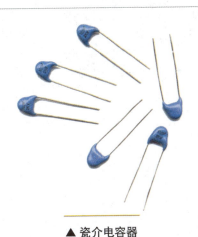

▲ 瓷介电容器

这个时期发明的电子器件有 1900 年，意大利人隆巴迪发明了瓷介电容器，这种电容器的介质是一种特制的陶瓷，极板是用化学方法在陶瓷上喷涂的银层。这种电容器的特点是介电常数大、体积小、性能稳定。在此之前的 1876 年，英国人菲茨杰拉德发明了廉价的卷式纸介质电容器。纸介质电容器是用两条长铝箔或锡箔做电容器极板，铝箔间用蜡纸做介质，叠好卷成筒形心子，然后用火漆封牢即可。纸介质电容器的特点是价廉，介电常数比陶瓷和云母都小。1885 年，英国人布雷德利发明了模压碳质实心电阻器。

1897 年，英国人甘布里尔和哈里斯发明了碳膜电阻器，它是用高温的方法在瓷管或瓷棒上结晶一层碳膜，然后用刻槽的办法刻成一定阻值。碳膜电阻器的阻值一般都比较小。

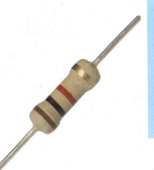

▲ 碳膜电阻

▲ 目前多数的锥盆式单体扬声器都是动圈式设计

▶ 维尔纳·冯·西门子

在传送声音的电器件上的发明有

1860 年，德国人西门子发明了动圈式扬声器。

同一年，德国人赖斯发明了振动膜片送话器。

1877 年，爱迪生发明了碳粒式送话器，性能上超过了赖斯的送话器。

有了这些器件，再加上电子管以及变压器，就使无线电传送声音成为可能。无线电广播和收音机的发明指日可待。

西门子（1816 年—1892 年），德国工程学家、企业家。电动机、发电机、有轨电车和指南针式电报机的发明人，改进过海底电缆，提出平炉炼钢法，革新了炼钢工艺，西门子公司创始人。

35

▶ 邓伍迪

无线电广播 和 收音机

无线电广播发送与接收技术，在 20 世纪众多的科学技术创造发明中，它的诞生与发展是影响面最大的。它首先得益于 19 世纪无线电的发明，无线电广播则是以频率较高的无线电信号即高频载波信号作为运载工具，将声音送到较远的地方。收音机是接收无线电广播发送的信号，并将其还原成声音的机器，可分为调频收音机和调幅收音机，有的收音机则兼具两者功能。

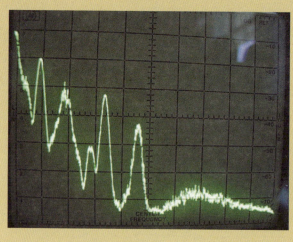

◀ 无线电是看不见的波，它却可以把信息从一个地方传到另一个地方

一、无线电广播的诞生

人类的第一次无线电广播是在 1906 年。

12 月 24 日，也就是圣诞节的前一天晚上，美国新英格兰海岸附近穿梭往来的船只上，一些听惯了"嘀嘀嗒嗒"莫尔斯电码的报务员们，忽然听到耳机里传来说话声和乐曲声，朗读《圣经》的声音，以及演奏小提琴的声音，最后听到的是祝大家圣诞快乐的声音。

这个在空中传送声音的就是美国人费森登。

费森登（1866 年—1932 年），生于加拿大，曾在爱迪生的实验室工作过，后来，在美国的几所大学里讲授过电力工程。

长期以来，费森登一直设想如何把人的声音通过无线电传送出去。1900 年，费森登在为美国国家气象局进行无线电实验时，就产生了有声广播的设想。他两年后，在两个金融资本家的资助下，建立了一个实验室，用了 4 年的时间，完成了全套广播装置。电源是一台交流发电机。传声器是爱迪生发明的碳粒送话器。

用声音来控制发射机的电波，叫调幅。以后，真空三极管得到了应用，使用三极管和电

▲ 费森登在 19 世纪 80 年代是爱迪生手下的首席化学家，1890 年—1892 年又在爱迪生的对手威斯汀豪斯手下工作。虽然同爱迪生或 19 世纪的其他许多发明家相比，他几乎不为人知，但他获得的专利无论在数目上还是种类上都仅次于爱迪生而居第二位，他一生获得的专利达 500 项之多。他的最引人注目的发明是对无线电波的调制。无线电波可以以脉冲的形式模仿莫尔斯电码的点划记号向外发送

▲ 费森登研制的无线电装置

容器、电感器组合在一起，就可以取代原始的火花式发报机，产生单一频率的电磁波。把声音信号接到三极管的一个管脚上，就可以达到调幅的目的。

　　费森登的电台只是传播一些紧急消息，并没引起人们的普遍关注。

▲ 正在进行无线电广播的费森登

▲ 早在6年前，费森登教授就开始研究用无线电波传送声音信号，经过几年的努力，他和自己的合作伙伴开发出全套无线电广播发射设备

▲ 费森登利用一座高达128米的无线电发射塔，进行了第一次广播

　　1916年，美国马可尼公司的青年报务员萨尔诺夫提出了一个设想：他想使无线电成为家庭用具，把音乐送入每一个家庭，每个家庭配备一个**收音装置**。这个收音装置可以做成一个小盒子，设置几种不同的波长（频率），用一个开关随意选择。

　　三极管的发明，解决了信号的放大、调制、消除杂音等问题，萨尔诺夫的设想很快变成了现实。

　　1920年，在美国威斯汀豪斯电气公司的倡议和支持下，世界上第一家广播电台——KDKA在匹兹堡正式成立。这家广播电台每天定时向公众广播。

　　11月2日，一个名叫康拉德的人在电台做了商业广播，而广播这一名词也是他想出来的。

　　他以最快的速度报道了哈丁和柯克斯两个人竞选总统的结果，这次广播轰动了美国，美国人成群地聚在收音机旁，收听总统竞选的新闻。

　　后来，世界各国以及各地区都相继建立了广播电台。

🎓 **考考你** ▶ 便携式收音机时代的开始是以什么事件为标志的？

二、收音机的发明

1. 从矿石收音机到电子管收音机

萨尔诺夫设想的接收无线广播的小盒子就是收音机，它能把收到的无线电信号变成声音。

第一个收音机是美国人邓伍迪和皮卡德在1910年发明的矿石收音机。

这个收音机的接收装置是邓伍迪几年前发明的矿石检波器，用可变电容器调谐到电台播出信号的频率，检波器可以将无线电信号放大，通过耳机，就可以把声音还原。这种简单的收音机不用电池，也不用电子管，即使是业余爱好者也能自己组装。

电子管被用到接收装置中后，这个接收无线广播的小盒子就成了电子管收音机。电子二极管和电子三极管的体积都很大，因此，这种电子管收音机也很大，大小相当于一台十四英寸的电视机，相当笨重。晶体管发明之后，轻巧的晶体管取代了笨重的电子管后，收音机才变得小巧、便于携带了。

▲ 萨尔诺夫经过几十年的艰苦奋斗，最终实现了他的目标。他成为美国无线电和电视事业的先驱，被称为"美国无线电广播之父"，他是第一位出任美国无线电台台长的犹太人，他为普及无线电和电视做出了开拓性的贡献

广播和收音机的发明使广播器材和收音器材的生产成为当时发展最快的产业。到了1924年，美国已经有了600家商业电台。1926年，英国成立了广播公司。1928年，苏联用50种语言对外广播。1943年，"美国之音"电台向世界广播。电台的增多，促进了收音机的生产和销售，即使在经济大萧条的20世纪30年代，收音机的生产和销售依然很旺盛。

▲ 1925 年日本生产的第一台矿石收音机

▶ 晶体管的发明

▲ 美国无线电发明家——阿姆斯特朗

2. 超外差原理和超外差式收音机

　　早期的矿石收音机和电子管收音机都是直放式收音机。由天线和调谐电路收到的无线电信号，先经过三极管的放大，然后把声音信号（低频）从电波中检出来。这一步骤可以利用电容器和二极管来实现，高频电流会经电容器流走，低频的声音信号再经过一个三极管放大后，最后由扬声器和耳机还原为声音。

　　这种收音方式灵敏度比较低，信号较弱的电台就接收不到。而且，频率相近的电台容易产生干扰。为了克服这些缺点，美国人阿姆斯特朗发明了超外差原理。

　　①可将长波和短波都转换为固定的中频加以放大，这样同一个收音机就可以接收从长波到短波各波段的信息。这个原理是1912年由费森登提出的。

　　② 1912年，美国电气工程师阿姆斯特朗在费森登的超外差法接收原理启发下，在接收机中设置了本机振荡电路，通过双联可变电容器进行内外同步调谐，保证本振荡频率始终追随外来信号频率的变化，且高于外来信号一个恒定的中频。无论所接收的各个电台的载波频率如何不同，与本振荡频率混频后，产生的都是统一的中频信号。然后，只要对这个统一的中频信号进行放大、检波，就可获得所需要的音频信号。

▲ 1920年11月2日，美国的一位工程师利用其通讯电台首次向公众播报出沃伦·哈丁当选美国总统的消息，令全美震惊。人们一下意识到无线广播的迅速传播能力，而这一天则被定为世界广播日

考考你 ▶ 直放式收音机最大的缺点是什么？

▲ 超外差式收音机

这一发明不但会大大简化收音机的内部结构，而且大大提高了其性能和灵敏度，应用于实际。阿姆斯特朗还没有来得及把他的这一发明应用于实际，第一次世界大战就爆发了，阿姆斯特朗应征入伍，加入了美国军队。

1918 年一战结束，已成为陆军少校的阿姆斯特朗制作了这种超外差式收音机。之后美国西方电气公司开始批量生产。与此同时，大洋的另一端，法国人吕西安·列维于 1917 年和 1918 年两次为他的**超外差式收音机**申请了专利。1924 年，市场上开始出售这种收音机。

▲ 能够接收无线电的收音机

▲ 矿石收音机部件

1931 年，超外差接收技术已经基本完善。1934 年，这一原理被推广。超外差原理不仅适用于收音机，而且对电视、无线导航、无线遥测、射电天文、雷达等都适用。因此，超外差原理具有广泛的实用价值，它奠定了现代无线电接收理论的基础。

▶ 收音方式灵敏度低

3. 短波收音机

世界上许多国家利用短波来进行世界范围的广播传输，短波频率范围通常在 30 兆赫～3 兆赫之间，能接收到上述某一段频率的收音机叫短波收音机。

频率从几十千赫到几万兆赫的电磁波都属于无线电波，为了便于分析和应用，习惯上将无线电的频率范围划分为若干个区域，叫作频段，也叫波段。短波的波长范围在 10 米～100 米。

每日不同时间所收听短波节目的效果：短波信号传播受到许多因素影响，诸如太阳黑子活动、大气层和地球电离层变化的影响，不是所有波段上的短波传播效果都好。有些在白天好，有些在夜间好。通常白天收听短波节目的效果不是很好，尤其从上午 10 点到下午 3 点之间。主要是因为在这段时间里短波电波受电离层的变化影响大，传播距离短。如果你想在白天收听短波节目，或许在某些波段接收效果会好些，但是不能达到晚上收听的效果。

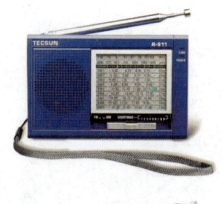

▲ 短波收音机

▲ 收听短波广播的效果取决于电台发射功率的强弱、收音机性能的好坏以及接收地点等环境因素。随着收音机技术的改善，收听效果会越来越好

收听短波广播有时候需要室外天线。这要看所处的收听环境，钢筋结构的房屋会屏蔽广播信号，一些边远地区、山区和矿区的短波信号会稍弱一点，需要安装室外天线。

✉ 考考你 ▶ 短波主要依靠什么传播？

怎样测试室外天线的效果？在一般的收听环境下，将收音机调到一个比较弱的短波电台，一边收听一边走到室外，如果这个短波电台的信号增强了，就应该安装室外天线来改善接收效果。但是，

▲ 十二波段指针式收音机

▲ 短波收音机最初是使用直接放大线路的，20世纪50年代开始，应用了一次变频线路，也就是平时所说的超外差式收音机。为了进一步提高无线电接收机的灵敏度、选择性和抗干扰能力，科学家们又研制了多次变频技术，当然首先是应用在无线电通讯领域，后来被移植到高级收音机中，从而大大地改善了短波收音机的性能

如果在接收地点附近有强大的电视台、调频电台、移动通信等无线电通讯发射天线，强大的干扰信号可能会使室外天线的接收短波的效果变得更差。

短波室外天线高一点、长一点，效果会好一点，但并不是越高、越长，就越好。有时候，太灵敏的天线，会引入强烈的无线电干扰杂波。所以，还是根据自己的实际需要来调整室外天线的高低和长短。应该注意的是多雷电地区绝对不要安装室外天线。

短波电台的声音有时会忽大忽小，这是因为短波主要是依靠电离层与地面间的来回反射和折射进行传播的。因而在收听短波广播时，声音就忽大忽小。自动增益控制（AGC）性能比较好的收音机，可以减弱此现象。

▶ 电离层与地面间的反射与折射

三、调频的应用

1. 声音的频率

声音 是一种波，它是由空气的振动而形成的。

声调越高，振动得就越快，频率也就越高。

声调越低，振动得就越慢，频率也就越低。

不是所有频率的声音人都听得见，人能够听到的声音频率范围是从 20 赫兹 ~ 2 万赫兹。

▲ 20 世纪 70 年代在中国流行的调频、调幅二波段收音机

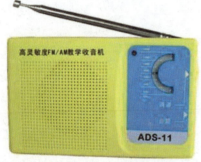

▲ 高灵敏度 FM/AM 数字收音机

下面是几种重要的声音频率：

最低可以听见的声音频率——20 赫兹。

一架大型音乐会钢琴的频率范围在 27.50 赫兹到 4186 赫兹之间。

男人的声音在 100 赫兹到 11000 赫兹之间。

女人的声音在 150 赫兹到 12500 赫兹之间。

人的听力也随年龄而变化，一般来说，年龄越大，可以听见的范围越小。例如，蝙蝠的尖叫声，12 岁的孩子可以听见，但他的父亲可能就听不见。

声音的频率比振荡电路产生的电磁波低得多。可以说，声音是低频信号，要把低频的声音信号发射出去，就要把它加到高频的电磁波信号上去，这有两种方法。

一种方法是调幅，简称 AM。

一种方法是调频，简称 FM。

调幅是通过用声频改变电磁波的振动幅度（振幅）来实现的。

早期的发射和接收都采用调幅的方法。

调频方法是美国人阿姆斯特朗在 1933 年发明的。

🎓 考考你 ▶ 调频方法是谁发明的？

▲ 阿姆斯特朗发现了超外差原理

2. 调频的产生

调幅波容易受闪电和其他情况的影响，而且会产生噪音。对此，超外差原理的发现人阿姆斯特朗通过研究发现，要完全消除调幅波的噪音是不可能的。

他决定采用一种新的方式来解决这个问题，于是产生了调频这种方式。调频是用音频改变高频电磁波（载波）的频率，使载波的频率随声音的变化而变化。方法是用音频来改变振荡器中电容或电感的数值。

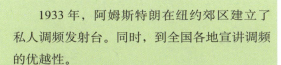

1933 年，阿姆斯特朗在纽约郊区建立了私人调频发射台。同时，到全国各地宣讲调频的优越性。

调频对各种信号的接收效果极佳，不会出现失真现象，属于高保真传输，而且不怕杂波干扰，不会串台，可以播送立体声信号。

▲ 在数码时代，调频技术得到日益广泛的应用

▲ 1994 年生产的调频 / 调幅高保真收音机

但一些专家也担心，**调频**方法要使用很宽的频率带来传送一个节目，会造成频率资源的极大浪费。

第二次世界大战的爆发，中断了调频方法的推广工作。调频方法的实际应用是在第二次世界大战之后。通过实验发现，这种方法并不需要很宽的频率带，它只要求使用较高的频率（波长很短），而且必须使用特制的接收机。20 世纪 50 年代以后，世界各国纷纷建立了调频广播电台。从此，高保真广播时代开始了。

► 阿姆斯特朗

四、立体声技术

▲ 20世纪30年代，剧院早期的立体声播放设备

立体声，顾名思义，就是指具有立体感的声音。

首先，它是一个几何概念，是指在三维空间中占有位置的事物。因为声源有确定的空间位置，声音有确定的方向来源，人们的听觉有辨别声源方位的能力。尤其是有多个声源同时发声时，人们可以凭听觉感知各个声源在空间的位置分布状况。从这个意义上讲，自然界所发出的一切声音都是立体声。如雷声、火车声、枪炮声等。

当我们直接听到这些立体空间中的声音时，除了能感受到声音的强度、音调和音色外，还能感受到它们的方位和层次。这种人们直接听到的具有方位、层次等空间分布特性的声音，称为自然界中的立体声。

其次，自然界发出的声音是立体声，但我们如果把这些立体声经记录、放大等处理后而重放时，所有的声音都从一个扬声器放出来，这种重放声就不是立体的了。这是由于各种声音都从同一个扬声器发出，原来的空间感（特别是声群的空间分布感）也消失了。这种重放声称为单声。

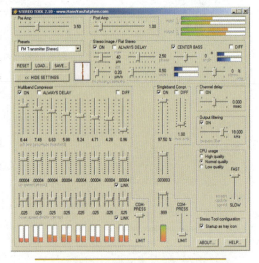

▲ 播放器中立体声平衡调谐控制模板

如果从记录到重放，整个系统能够在一定程度上恢复原始的空间感（不可能完全恢复），那么，这种具有一定程度的方位、层次等空间分布特性的重放声，被称为音响技术中的立体声。

最早的立体声技术产生于有线传播中。

早期的戏剧演出中，有线传播公司经常现场转播演出实况。

🎓 **考考你** ▶ 声音的录制和再现技术在很大程度上是由什么推动的？

在一次演出时，传播公司把话筒放在舞台的左右两侧，信号分别传送到听众的左右耳机中，这使听众产生了身临其境的感觉。这样，最早的立体声广播诞生了。1931年，英国人布鲁姆林发明了无线传播的立体声技术。

它的方法需要两台发射机，听众也要有两台接收机。

▲ 1931 年，英国人布鲁姆林发明了无线传播的立体声技术

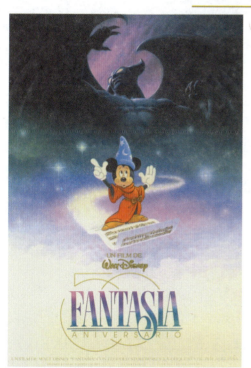

▲《幻想曲》是一部非常独特的动画影片，它是影坛首次尝试将音乐和美术结合起来的影片

1951 年，法国用立体声播放的《魔鬼的眼泪》就是采用的这种形式。但分别使用两台发射机和接收机十分不方便。1961 年，使用一台发射机和接收机的立体声广播在美国问世。在播音室播放唱片或录音带时，用一对传声器把左右声道的信号合二为一，变成综合信号发射出去；在收音机上装有特制的译码器，可以把综合信号还原为左右两个声道，分别用两个独立的扬声器播放出来，以产生立体声效果。今天的收音机，一般都具有调频和立体声接收装置。

声音的录制和再现技术在很大程度上是由电影工业所推动的，今天的环绕声系统就是一个典型的例子。早在 1939 年，由迪斯尼公司投拍的动画片《幻想曲》就率先采用了多音轨录制和多声道回放技术。不幸的是，随后爆发的第二次世界大战使得该技术的发展延误了很多年。

科学发明发现的由来

最早的电影采用同步播放唱片的方式来回放声音，但很快就被另一种更方便的声音播放技术所代替，这种技术可以利用电影胶片的边缘部分来保存声音信号，从而能够与影像同步播放。由于这一技术可以实现多音轨录制，并且还能利用数字化的镶嵌技术扩展到可支持多种音频格式，因此该技术一直沿用到今天。

最初在**电影胶片**上保存音轨时采用的是单声道系统。随着立体声的普及，电影胶片上的音轨很快就扩展到双音轨，并且逐步发展到多音轨（一般通过同时播放多卷胶片的方式来实现）。有些电影拷贝在制作时会在胶片旁边附带磁性片基用于保存音轨，这种音轨可以获得更好的声音效果，但价格要昂贵很多，而且使用起来也不如光学片基的音轨方便。

▲ 现代的立体声播放设备

1975 年，杜比实验室针对电影音轨发明了杜比立体声技术。杜比立体声仍然属于模拟信号系统，它的大致原理是通过矩阵编码的方式在两条光学音轨上保存 4 条音轨的信息。这 4 条音轨的效果比双声道立体声要好，因为它不仅在电影银幕后面放置了左、中、右 3 组扬声器，还可以在剧场的旁边和后边放置若干组扬声器来实现环绕声。这一系统就是目前流行的杜比 5.1 标准的前身。

在 DTS 影院系统中，电影胶片上只需要通过光学方式印上一条简单的时序轨迹，然后通过一个廉价的读取头就能从影院放映机中读出这一时序信号，再根据这一信号同步播放来自一台或多台播放设备中的数字音频文件。

▲ 最初在电影胶片上保存音轨时采用的是单声道系统

短波通讯兴起

我们的眼睛和耳朵告诉我们，周围的世界充满了各色光波和声波。但科学知识告诉我们，周围的空间同样也充满了无线电波，这种电波不能由我们的感官觉察出来，却可通过某些技术装置发出、传送、接收，恢复成可以看见的图像和可以听见的声音。短波和长波相比，更适合于远距离通信。短波与长波相比，方向性比较强，只用较低的功率，就可以将信息传递到较远的地域。

一、中波、长波的应用

早期的无线电广播使用的是中波和中短波。中波的波长为 100 米～1000 米，频率为 300 千赫～3000 千赫。中短波的波长为 50 米～200 米，频率为 1500 千赫～6000 千赫。

一般来讲，地面上的障碍物都不会超过中波和中短波的波长，所以无线电波可以绕过这些地面上的障碍物。中波和中短波的传输距离在几百千米以内，主要是在地面传播。为了使相邻的电台互不干扰，国际上规定，中波频率间隔为 9 千赫，中短波频率间隔为 5 千赫。

比中波波长还长的波就是长波，长波传播的距离比中波远得多，但由于发射长波的设备庞大，造价高，因此，一般无线电广播不用长波。长波主要用于点与点之间的军事通讯，以及对船进行导航。比长波的波长还长的波叫作超长波和极长波。这两种波主要用于水下通讯，如潜艇和潜艇之间的联系就靠这种波。也可用于地下指挥部和导弹发射台之间的联系。它的发射设备比长波的还要复杂，而且需要很长的天线。这种天线可以收到核爆炸和雷电发出的电波。

二、短波通讯的兴起

短波的波长范围为 10 米～100 米，频率范围为 3 兆赫～30 兆赫。实际上，它传播的距离比中波远得多，甚至比长波和极长波传播的距离还要远，它能够穿越辽阔的海洋，实现洲与洲之间的通讯。短波的这个特点是由一次火灾而发现的。1921 年的一天，意大利的罗马城发生了火灾，当地的有线通讯被切断，无线电通讯设备也被毁。

有一名业余无线电爱好者，用自己组装的功率只有几瓦的小型短波电台，发出了求救信号，希望附近的消防队能够收到信号，赶来救火。但奇怪的是，意大利境内的人并没有收到这个信号，而远在丹麦首都哥本哈根的人却收到了这个信号。这个发现使许多无线电爱好者进行了类似的实验。结果证明，短波比中波、长波更适合远距离通讯。

短波需要的发射设备很小，功率也很小，仅仅几节电池就可以带动一台短波发射机。

短波的波长小于中波，如果在地面上传播，容易被地面上的障碍物阻挡住。那么，短波是如何传播的呢？它传播的距离为什么能这么远呢？

▲ 在现代战争中，短波通讯技术发展迅速

🎓 **考考你** ▶ 短波的传播依靠高空大气层中的哪一层？

三、短波通讯的原理

短波长距离通讯之谜直到 1924 年才被解开。早在马可尼让无线电飞越英吉利海峡时，就有人说，这是无线电通讯的最远距离。1901 年，马可尼又实现了跨越大西洋的通讯，使许多科学家感到迷惑不解，这也促使科学家来思考这件事情，以解开短波通讯之谜。1902 年，美国人肯涅利和英国人亥维赛推测，马可尼的无线电信

▲ 马可尼于 1919 年在英国克尔姆斯展示他的无线电发射机

号，可能是被高空大气层中的带电粒子层反射回来传播到美洲的。这个带电粒子层是由太阳光中的紫外线对大气层空气的电离作用而形成的。

1924 年，曾在第一次世界大战中担任无线电通讯官的英国人阿普顿，通过向空中发射电波，证实了这一带电粒子层的存在。太阳辐射的紫外线和 X 射线，使离地面 60 千米～ 600 千米的大气层成为电离层。电离层厚度有数百千米，由于太阳辐射的变化，电离层的密度和厚度也随时间随机变化。

1930 年，英国人沃森·瓦特把这一层称为**电离层**。这就产生了一个问题：为什么其他波不能被电离层反射呢？进一步研究表明，长波会被电离层吸收，而比短波再短的波又会穿透电离层，进入太空。因此，只有短波和比短波波长稍长的中短波会被电离层反射（当然电离层也会吸收一部分波）。

电离层是不稳定的，白天太阳光强烈，电离程度高，对波的吸收能力也强。到了夜晚，电离程度降低，电离层对波的吸收能力降低，反射能力增强。因此，在夜晚，中波收音机可以收到远地区的电台节目。

短波发射只需要很短的天线，短波传送之谜被揭开后，各国纷纷使用短波对外发射信号。

▶ **电离层**

超短波和微波的应用

微波是频率非常高的电磁波,微波的实际应用相当广泛。传统的应用是雷达和通讯,另外还有全球卫星导航定位系统、电子对抗、科学手段、微波能的应用、生物医学和检测,甚至深入到医疗卫生和人们的日常生活中,而且新的应用领域还在不断地扩大。可以说微波理论和技术的发展是和它的实际应用密切相关的。

▲ 卫星导航定位系统

一、超短波传送

　　超短波的波长范围为 1 米~10 米，频率范围为 30 兆赫~300 兆赫。超短波不能被电离层反射，它会穿透电离层。由于波长太短，绕不过地面上的障碍物，不能经由地面传播。因此，发射超短波要用很高的天线，以避开地面上的障碍物；接收方也要用很高的天线。超短波的传输距离在几十千米，天线越高，传播得越远。所以，它的传播方式是直线传播，也就是在视线的范围内传播，主要用于传送电视节目和调频广播。

　　超短波的频率非常高，要产生这么高的频率，用普通的电容器、电感器和三极管就不行了，它需要使用石英振荡器。

二、压电效应和石英振荡器

▲ 李普曼

　　压电效应是 1880 年法国的**居里兄弟**在研究晶体的性质时发现的。

　　他们把石英和其他晶体（如酒石酸钠）切成薄片，用力压紧或拉长这种薄片，两端就会产生相反的电荷，即产生电。

　　1881 年，法国科学家李普曼预言，压电效应具有逆效应。后来，居里兄弟用实验证实了压电效应的逆效应。这种逆效应就是，在这些晶体的一定方向上加电场，则在晶体和对应方向上会产生应变和内应力。

▲ 居里兄弟纪念邮票

　　这种伸缩变化又会使晶体表面产生交变的电荷，交变电荷会形成附加电场，使外电场得到加强，加强了的电场加到晶体上会引起更大的振动。当外加电压的频率接近其固有的振动频率时，石英片会发生共振，从而产生频率稳定的高频振荡。

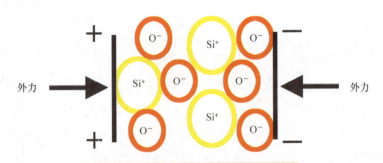

▲ 受到外力作用，石英晶体表面带上电荷

晶体的这种性质可以用来制造石英振荡器，产生高频电磁波。最早的石英晶体是从天然物质罗其尔盐中发现的。

1880年，俄国矿物学家赫鲁索夫，把硅凝胶在250℃的温度下培养几个月，就得到了长度为1毫米的石英晶体。

1905年—1909年，意大利人斯别奇亚把硅酸钠和食盐水溶液加热到220℃～340℃，得到了厚度为1厘米的透明石英晶体。

石英晶体是一种六角形晶体，不同的切割方法得到的石英片和石英棒就有不同的固有振动频率。

石英晶体的振动频率范围很宽，能产生从长波到超短波的所有电磁波。

石英晶体除了做振荡器外，也可以用于石英钟和电子手表中。

▲ 早期手工焊接电路中的石英振荡器（图右元件）。石英的优点是它是压电式的，这就意味着石英振荡器可以直接将它们自身的运动转化成电子信号。另外石英随温度变化的系数很小，这就是说石英振荡器能够在很大的温度变化范围内保持稳定的频率

▲ 石英晶体谐振器

🎓 **考考你** ▶ 微波的产生需要用到什么电子管？

三、微波的产生和利用

▲ 美国瓦里安兄弟研制出了双腔速调管,并为速调管的发展奠定了理论基础

比超短波更短的波就是微波,微波可以分为 3 种。

第一种:分米波,波长 1 分米～1 米,频率 300 兆赫～3000 兆赫。

第二种:厘米波,波长 1 厘米～1 分米,频率 3000 兆赫～30000 兆赫。

第三种:毫米波,波长 1 毫米～1 厘米,频率 3 万兆赫～30 万兆赫。

要产生频率如此高的微波,石英振荡器就无能为力了,它需要速调管和磁控管。这两种都是特殊的电器,形成疏密变化的电子流,和外电场相互作用就产生了高频变化的电磁波。

速调管是美国的瓦里安兄弟在 1937 年发明的。

它通过变化的电场来调节电子管内电子的速度,形成有疏密变化的电子流,和外电场相互作用就产生了高频变化的电磁波。

磁控管是英国人蓝德尔和布特在 1939 年发明的。

磁控管是金属制二极管的一种,阴极电子在向阳极流动的过程中,被竖放的永久磁铁干扰,电子以螺旋的形式向阳极移动。当电子进入阳极的凹处时,凹处就起到了线圈和电容器串联回路的作用,得到高频振荡电流,从而产生高频电磁波。这种磁控管在日常生活中用来制造微波炉,它加热食品的速度比普通加热方式快得多。

微波的主要应用是雷达和卫星电视。

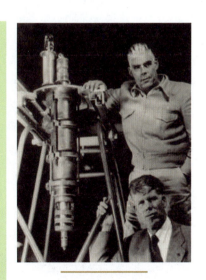

▲ 蓝德尔和布特

▶ 速调管和磁控管

▲ 美国海基 X 波段反导雷达

微波的波长太短，不适合地面传播，那样会被地面上的障碍物挡住；微波的频率太高，能穿透电离层。因此，要想使微波传播得更远，一般在地面上采用中继站接力的方式，一站一站地传递。每一站先把信号放大，再发射出去。

另一种传输方式是通过地球同步卫星，同步卫星的作用相当于一面镜子，微波发射到空中的卫星上，卫星把信号放大，再发给地面上的用户。

一般来说，分米波主要用于卫星电视，而厘米波和毫米波主要用于雷达。

四、雷达的发明和使用

美国的莱特兄弟发明了飞机，但他们没有想到的是飞机很快地被用于军事领域。飞机飞得高，速度快，除用于侦察外，还可以直接参加战斗，如攻击地面部队，轰炸地面目标。

对于英国这样的岛国来讲，往往还没来得及下达防空命令，炸弹就已经落到了头上。因此，在飞机到达之前就发现它们变得很重要。于是，英国一批科学家开始研究这种能够远距离发现飞机的仪器。

英国的工程师**沃森·瓦特**从声音遇到障碍会反射回来从而产生回声的现象中得到启示，利用电磁波遇到金属障碍物会被反射这一特性，于 1919 年研制成功了第一个雷达。

▲ 发明第一个雷达装置的沃森·瓦特

🎓 **考考你** ▶ 分米波、厘米波和毫米波中，哪种常应用于雷达？

雷达在工作时，会发射电磁波到某一固定的区域，当有飞机经过时，飞机会把电磁波反射回来。电磁波的速度是一个固定值（和光速相同），知道了发射和返回的时间，就可以测知飞机的位置。

1935 年，他研制成功了使用微波（1.5 厘米波）的雷达装置。这个装置可以装在飞机上，用于在空战中发现敌方的飞机。

▲ 沃森·瓦特与他研制的雷达系统

1938 年，泰晤士河附近安装了这种雷达，使用的电磁波频率为 22 兆赫～28 兆赫。对飞机的探测距离达 250 千米。到了 1941 年时，英国的海岸线都安装了雷达。

雷达在第二次世界大战中发挥了神奇的作用。当德国的飞机还没有飞到英国上空时，英国人和英国空军就已经做好了准备，从而避免了被动挨打的局面。

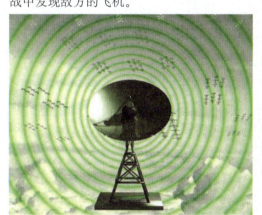

▲ 雷达是利用无线电波来测定物体位置的无线电设备。电磁波同声波一样，遇到障碍物要发生反射，雷达就是利用电磁波的这个特性工作的。波长越短的电磁波，传播的直线性越好，反射性能越强，因此，雷达用的是微波波段的无线电波

开始，**雷达**使用的是连续的电磁波，后来使用的是脉冲信号，即每隔一定时间发射一束电磁波。战后，雷达得到了广泛的应用，探测的距离已经达到 1 万千米以上。

▲ 沃森·瓦特研制成功的雷达装置

▶ 厘米波和毫米波

图像技术与电视的发明

世界上第一台电视是英国人约翰·贝尔德在 1925 年发明的。这是第一台黑白电视机，几年后，贝尔德又研制成功了彩色电视机。

贝尔德的发明离不开光电管和尼普科夫圆盘。因此，有关电视发明的故事要从光电管的发明说起。

◀ 1942 年，贝尔德和他的彩色立体接收装置

一、光电管的制造

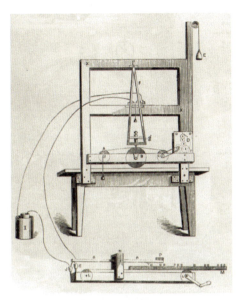

▲ 1865 年法国的传真电报机

1877 年，法国人塞列克提出了用传真技术传送画面的设想。而传真机传送一个图像需要很长的时间，不可能传送活动的画面。显然，这一设想不切实际，需要另找别的方法。

声音可以用无线电波传出去，这就是无线电广播。图像可不可以用相似的方式传送呢？实际上，把图像转变为电信号的研究比无线电广播的研究还要早。

1843 年，英国人亚历山大·贝恩（1810 年—1877 年），开始了通过电信号传送图像的实验，这项研究后来发展为 **传真机**。

▲ 亚历山大·贝恩像

◀ 亚历山大·贝恩发明的电磁钟摆

▲ 贝采利乌斯

要传送图像，首先要把图像变成电信号，而硒的光电效应的发现，为这种转变提供了可能。硒是元素周期表中第 34 号元素，硒元素是瑞典化学家贝采利乌斯（1779 年—1848 年）在 1817 年发现的。

硒可以通过燃烧黄铁矿（用硫化铁制造硫酸时常用），从它的烟灰中制得。

1873 年，英国电报工程师梅和贝尔实验室的史密斯发现：灰色硒在光的照射下，电阻会变小，这就是光电效应现象。

史密斯是爱尔兰人，是发明家贝尔的助手，他利用硒的这个特性，制成了能把光的强弱变成电流大小的光电池。

1889 年，德国人埃尔斯特和盖特尔利用光电现象发明了光电管。

▲ 制造出第一个真正光电管的埃尔斯特和盖特尔

这种光电管，一面涂有硒做阴极，另有一个金属丝做阳极。

光电管可以把光的强弱转变成电流的大小，但这种转变不是直接把光变成电流，而是通过光改变了电阻的大小。因此，光电管外部必须连有电源。

光电管的发明，为把图像转变为电信号提供了可能。

🎓 **考考你** ▶ 灰色硒在光照情况下电阻会发生什么变化？

二、尼普科夫圆盘

光电管 发明以后，就有人设想用成千上万支光电管组成屏幕，用投影仪把图像投在屏幕上。接收机的屏幕由无数个小灯泡组成，每个灯泡与相应的光电管相连，但这需要成千上万根导线。因此，这是根本行不通的。

▶ 德国发明家保罗·尼普科夫

▲ 尼普科夫在柏林用来发送信号的塔

为此，德国年轻的大学生保罗·尼普科夫（1860年—1940年）发明了能够把图像分解的尼普科夫圆盘，巧妙地解决了把光信号变成电信号的问题。

在厚实的圆盘边缘内侧，钻有一圈直径为 2 毫米的小孔，它们均匀地排列在一条螺旋线上，每一个比相邻的一个离盘的中心近一个孔的距离。

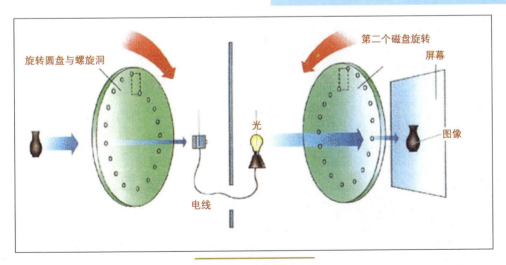

旋转圆盘与螺旋洞
第二个磁盘旋转
屏幕
光
电线
图像

▲ 尼普科夫圆盘示意图

▶ 电阻会变小

尼普科夫利用物理上的小孔成像原理，产生把影像分成单个像点，然后借此把人或景物的影像传播到远方的想法，设计了一个"电视望远镜"的仪器，即发明了电视扫描盘。这是电视机荧光屏的雏形。

那么，如何才能把电信号还原成图像呢？

另一个德国人布劳恩的一个发明，为图像的还原提供了可能。1897年，布劳恩在研究电子的性质时，发明了一种阴极射线管，这种阴极射线管后来被称为布劳恩管。

抽成高度真空的玻璃管中的阴极，在炽热的情况下就会发射出电子流（也叫阴极射线），在阴极的对面涂上荧光粉就可以看到光点。

但**布劳恩管**还不能把电信号还原成图像。1907年，俄国人罗钦科在布劳恩管上装上了控制电子上下以及左右运动的电磁铁，左右电磁铁可以控制电子流横向移动，上下电磁铁可以让

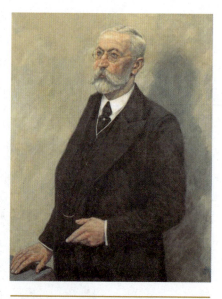

▲ 布劳恩像

布劳恩（1850年—1918年），德国物理学家，诺贝尔物理学奖获得者，阴极射线管的发明者。

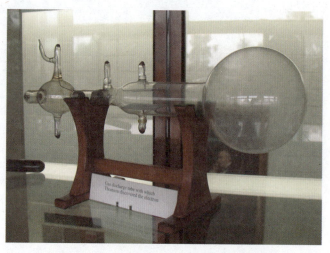

▲ 布劳恩管的发明为图像的还原奠定了基础

电子流上下移动。这就是显像管的最初形式。如果把用尼普科夫圆盘得到的电信号输给显像管的阴极，它会根据电信号的强弱不同而产生不同电子流，不同的电子流在荧光屏上就会出现亮度不同的点，电磁铁会控制电子流左右和上下移动（扫描）。这样，电信号就会被还原成图像。

在此基础上，苏格兰工程师约翰·贝尔德发明了电视。

62

从无线电通讯到电器应用

三、贝尔德与"最早的电视机"

▲ 青年时期的约翰·贝尔德

约翰·贝尔德（1888 年—1946 年）出生在海边的一个小城镇，父亲是教堂的牧师。受一本叫《传说和过去》的少年读物的影响，贝尔德用饼干筒制成了电话，并且用 4 根电线把这个电话和朋友家的电话连接了起来。

但一个晚上，一个马车夫驾着马车路过道口时，被他的电线绊倒，跌入沟内，虽然车夫得救，但贝尔德再也不被允许研究电话了。

后来，他买了一个旧的电动机，把它改装以后，通过一个蓄电池，可以为自己的房间供电。

贝尔德制造电视是受了 1908 年的《自然》杂志上一篇文章的影响，这篇文章的作者是苏格兰的电气工程师坎贝尔·斯温顿。

在这篇文章里，坎贝尔·斯温顿详细描述了电视的发送和接收原理，并认为，无论什么人从事此项工作，都将取得远距离电子观看的成就。

斯温顿本人并没有进行实际的研制工作，但他的文章给了贝尔德很大的启发，贝尔德决定自己制成这种东西。

当时，真空管还没有发明，要想把因电阻的变化而引起的微弱的电流变化进行放大，根本不可能实现。为了实现发明电视的梦想，他去了格拉斯哥的皇家技术学院学习，但这段学习生涯对他来说没有任何收获。

▲ 正在展示电视仪器的约翰·贝尔德

关键词 约翰·贝尔德 John Baird

▲ 约翰·贝尔德像

约翰·贝尔德是一位苏格兰工程师，电视机发明第一人。

在此之后，他用硼砂鞋垫和剃须刀这两个发明挣了1600英镑，但随后在特立尼达和多巴哥设立果酱厂以及其他商业活动均告失败。此时，贝尔德在体力上和精神上几乎崩溃，在医生的建议下，贝尔德到乡下一个朋友家去休养。4个月之后，贝尔德试图重新生活。到了1922年，34岁的贝尔德没有获得任何成就，而且积蓄基本用光，但他的电视梦却依然没有破灭。在此期间，美国人福雷斯特发明了真空三极管，这种三极管可以把信号放大。

▲ 贝尔德利用尼普科夫圆盘的原理，首次在4米的距离内传输了一个十字图像

考考你 ▶ 约翰·贝尔德在哪一年发明了电视机？

同时，德国人尼普科夫发明圆盘的消息也传到了英国。利用这些成果，经过 3 年多的努力，处在贫困之中的贝尔德，终于制成了世界上第一台电视机。贝尔德电视因陋就简，用的都是生活用品。

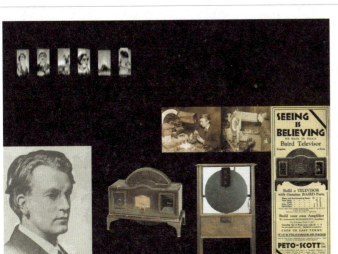

▲ 贝尔德的努力，使"扫描圆盘"的性能大大提高

尼普科夫圆盘是用纸板剪成的，透镜是花 4 便士买来的廉价品，转动圆盘的马达是玩具马达，电视机座用的是茶叶箱，把饼干筒装上灯就是光源。把图像变成电信号的装置由灯、透镜、尼普科夫圆盘和光电管组成。显示图像的装置由放大器、氖灯、尼普科夫圆盘组成，贝尔德没有使用布劳恩管。当两个圆盘同步转动时，就产生了图像。

▲ 第一台电视机面世于 1925 年，由英国的电子工程师约翰·贝尔德发明

▲ 贝尔德和他的原始电视模型

1925 年，贝尔德在伦敦的科研所展示了他的发明。1926 年，在一家商店展出。这时，经过改进后的电视机已经可以传送影像了。贝尔德还请了 40 名皇家学会的研究人员，向他们演示了他的成果，结果是令人满意的。这次成功使他获得了更多的资助，他可以买一些比较精密的仪器了。

关 键 词 ⊙ 清晰度 *definition*

▲ 贝尔德在伦敦牛津街的塞尔福里奇百货公司展示他的电视装置

1929 年，贝尔德在伦敦设立了世界上第一个电视演播室，请当红歌星菲尔斯在那不清晰的小屏幕上表演了实验性节目。由于当时还不能同时传送声音和画面，观众看到了图像却听不到歌声，听到了歌声却看不到图像。

不久，贝尔德解决了图像和声音的同时传送问题。他使用两台发射机，同时传送声音和图像。

最初的贝尔德电视只有 30 行扫描线，即尼普科夫圆盘上有 30 个孔，每个孔转动时代表一行扫描线，因而清晰度很低。

要提高清晰度，就要增加扫描线数量，在尼普科夫圆盘上钻更多的孔，圆盘就要加大，带动圆盘的电机功率就要增加。为了保证大转盘在转动时的稳定，就要用螺栓把它紧固在地板上。当圆盘转动很快时，还需要用冷水对它进行冷却，这使得贝尔德的电视设备非常笨重。

▶ 最初的贝尔德电视

◀ 正在工作的贝尔德和他的助手

尽管如此，贝尔德电视清晰度的提高程度仍然非常有限。据说，最多时扫描线达到了 90 行。因此，**贝尔德电视**在与电子扫描电视的竞争中以失败而告终。

66

四、电子扫描电视

贝尔德电视中用了很多机械的东西，他发明的电视又称机械电视。

在贝尔德的发明成功时，另一种类型的电视——全电子电视的研究也在进行。这种电视就是我们今天使用的电视。这种电视的扫描线要比贝尔德电视多得多，因而清晰度也要好得多。因此，在与机械电视的竞争中占了上风。电子扫描电视中，把图像变成电信号的是美籍俄国人弗拉基米尔·兹沃里金发明的光电摄像管。

▲ 弗拉基米尔·兹沃里金

1889 年 7 月 30 日生于俄国莫罗姆。兹沃里金是一个内河船商的儿子，于 1912 年在圣彼德堡工学院获得电机工程学位。

弗拉基米尔·兹沃里金

本来是俄国人，曾是罗钦科的学生。罗钦科就是电子显像管的发明人。

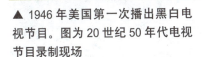

▲ 1946 年美国第一次播出黑白电视节目。图为 20 世纪 50 年代电视节目录制现场

由于俄国发生了十月革命，兹沃里金来到了美国，先加入了威斯汀豪斯公司，1923 年他研制出了显像管，后又转入美国无线电公司工作，制造出了实用的显像管。1933 年，兹沃里金发明了光电摄像管。

▶兹沃里金与他发明的光电摄像管

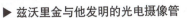

67

▶ 清晰度差

关键词 🌑 云母片 *mica sheet*

▲ 俄裔美国科学家弗拉基米尔·兹沃里金设计的光电摄像管，在 1925 年的演示过程中，图像模糊不清，对比度很低，分辨率差，而且图像是静止的，但它的确在影像的光电转换技术上做出了开创性贡献

与此相比，**贝尔德**的电视最多可达到 90 行扫描线，每秒钟传送 12.5 张图片。电子电视的优点是显而易见的。

他研制的光电摄像管采用的是类似布劳恩管的装置，在阴极射线管内装有一个 4 寸见方的云母片，云母片上有许多小型光电管排列成感光屏，图像经过一个透镜聚焦在感光屏上。同时，一个能发射电子的电子枪（装有电磁铁的阴极射线管）也把电子射到这个感光屏上，进行扫描。这样，图像就转变成了电信号，经过发射机发射出去。在接收方面，把电信号还原为图像的装置是罗钦科发明的显像管。可以说，电子扫描电视中，图像的分解和再现都采用电子扫描的方式。扫描线一开始是 405 行，后来经过改进，美国的标准是 525 行，欧洲是 625 行，每秒钟可以传送 25 张图片，与电影机基本相同。

▲ 1929 年弗拉基米尔·兹沃里金展示他生产的电子电视

▲ 1928 年的彩色电子扫描摄像机

考考你 ▶ 被称为"电视之父"的是谁？

▲ 1939 年英国的电视机　　▲ 美国大西洋公司生产的电视　　▲ 1935 年法国的电视接收机

▲ 1938 年，兹沃里金制成了第一台实用的电视摄像机

20 世纪 30 年代中期，英国政府为电视系统特意成立了一个委员会，委员会在这两个电视系统之间犹豫不决。于是，决定进行公众播放。结果，工程师们认为电子系统更有发展潜力。后来，德国和法国于 1935 年，美国于 1936 年，日本和意大利于 1939 年也进行了电子电视的播出试验。1937 年英国的 BBC 公司，1939 年美国的 NBC 公司，分别开始了正式的电了电视播出。

兹沃里金因为研制成功了电子扫描电视中的光电摄像管以及制造出了显像管，被称为"电视之父"。

▶ 兹沃里金及其助手在做实验

▶ 弗拉基米尔·兹沃里金

五、早期的电子管彩色电视机

黑白电视只能产生黑白图像，而自然界的色彩是五颜六色的，如何把这些不同的色彩变成电信号？又怎样才能把电信号还原成不同的色彩呢？

要研制彩色电视，首先必须解决颜色的问题。其实，在自然界的无数色彩中，有3种颜色是最基本的颜色，这3种基本颜色是红、绿、蓝。其他的颜色，可以用这3种颜色合成出来。

▲ 贝尔德的彩色电视机广告

▲ 贝尔德早期的彩色电视图像

这一原理是德国人瓦尔特·布鲁奇提出的。利用这个原理，1928年，贝尔德制成了彩色电视。在贝尔德的彩色电视中，尼普科夫圆盘有3组螺旋孔，分别装载红、绿、蓝3种颜色的玻璃片。接收机中有3种颜色的灯，通过一个有3组螺旋孔的尼普科夫圆盘重现图像。

第一次彩色电视播出是在贝尔德实验室进行的，人们看到了一个警察帽、一个男人在吐舌头、一束玫瑰花、红蓝披肩和一支点燃的香烟。

1929年，贝尔实验室的伊夫斯也制成了相似的机械式彩电。

1936年，美籍匈牙利人戈德马克在哥伦比亚广播公司制成了第一个电子彩色电视系统，带有红、绿、蓝3种滤色片的圆盘在摄像管前旋转。接收机的屏幕前也有这样一个盘，用电子控制，使两个圆盘同时旋转，产生彩色图像。

1940年，首次演示。1950年，彩色电视节目在美国试播。由于这个系统和黑白电视系统不能兼容，在播放彩色节目期间，大多数黑白电视机收不到信号，在播放黑白节目时，彩色电视机收不到信号。

🎓 考考你 ▶ 彩色电视机的三基色是什么？

从无线电通讯到电器应用

美国无线电公司经过改进，取消了摄像管前的旋转盘，使用3种滤色片和3个阴极射线管（电子枪）。而接收机中也有3个电子枪，显示屏上涂有3种不同的物质以产生3种基本颜色。

电子枪和屏幕之间，有一个带有许多小孔的板，叫阴极罩。板上每3个孔为一组，电子枪的3种电信号经3个小孔照在屏幕上，就还原出了本来的颜色。这种电视在1953年开始试播，取得了成功。这种电视系统被叫作NTS制，是一种兼容制彩色电视机，除可以接收彩色节目外，还可以接收黑白节目。黑白电视机也可以接收彩色节目，但图像是黑白的。

▲ 第一个电子彩色电视系统的发明人，美籍匈牙利人戈德马克

NTS 制是一种同时制系统，摄像机扫描完整个画面后，再发射出信号，接收机进行整个还原。1956年，法国人亨利·弗朗茨发明了SECAM制。这是一种顺序制，它的最早应用者是贝尔德。它的特点是：摄像机每扫描一行，接收机就还原一行。1962年，德国人布鲁斯研制成功了PAL系统。这个系统叫逐行倒相制，也是一种顺序制，我国的电视采用的就是这种系统。

1968年，日本索尼公司研制成功了用一个电子枪的彩色电视机，叫作单枪3束彩色电视机。以后，电视经过不断的改进，就变成了今天我们所看到的样子。电视的发明，为我们带来了无穷的乐趣。

▲ 1956年，美国通用电气公司生产的彩色电视机

▶ 红、绿、蓝

科学发明发现的由来

六、液晶显示器的研制

20 世纪人类最伟大的成就之一莫过于电视的发明。今天，科学技术的发展已经使 21 世纪的人类完全进入了一个崭新的时代——数字化时代。目前大部分国内外电视厂商都将液晶电视列为终端技术产品。

▶ 1990 年开始使用 STN 液晶（超级扭曲向列液晶）的 IBM ThinkPad 530 CS，这是最早采用液晶面板做电脑显示器的实例

　　1888 年奥地利植物学家发现了一种白浊有黏性的液体，后来，德国物理学家发现了这种白浊物质具有多种弯曲性质，认为这种物质是流动型结晶的一种，由此将之取名为液晶。

　　液晶是一种介于固态和液态之间的物质，是具有规则性分子排列的有机化合物，如果把它加热会呈现出透明的液体状态，把它冷却则会出现有结晶颗粒的混浊固体状态。正是由于它这种特性，这种物质被称为液晶（Liquid Crystal）。液晶显示器是在两块玻璃之间的液晶内加上电压，通过分子排列变化及曲折变化再现画面，屏幕通过电子群的冲撞制造画面，并通过外部光线的透视反射来形成画面。

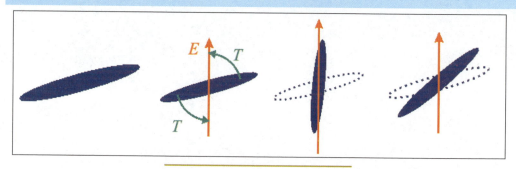

▲ 液晶在电场的推动下工作示意图

72

考考你 ▶ 世界上第一台液晶显示设备大约出现在什么时候？

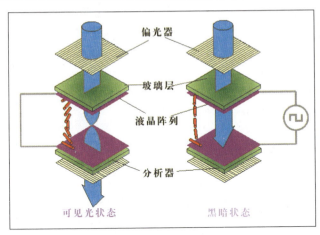

▲ 液晶显示原理图

液晶显示器，简称 LCD (Liquid Crystal Display)。世界上第一台液晶显示设备出现在 20 世纪 70 年代初，被称为 TN−LCD 液晶显示器。尽管是单色显示，它仍被推广到了电子表、计算器等领域。20 世纪 80 年代，STN−LCD 液晶显示器出现，同时 TFT−LCD 液晶显示技术被研发出来，但液晶技术仍未成熟，难以普及。

20 世纪 80 年代末 90 年代初，日本掌握了 STN−LCD 及 TFT−LCD 生产技术，LCD 工业开始高速发展。

液晶显示器的优势非常多。传统显示器由于使用阴极射线管，必须通过电子枪发射电子束到屏幕，因而显像管的管颈不能做得很短，当屏幕增大时必然增大整个显示器的体积。

▲ 常见的液晶显示器按物理结构分为 4 种

▲ 其主要的构件包括荧光管、导光板、偏光板、滤光板、玻璃基板、配向膜、液晶材料、薄膜式晶体管等

液晶显示器通过显示屏上的电极控制液晶分子状态来达到显示目的，即使屏幕加大，它的体积也不会成正比地增加（只增加尺寸不增加厚度），所以不少产品提供了壁挂功能，可以让使用者更节省空间，而且在质量上比相同显示面积的传统显示器要轻得多，液晶电视的质量大约是传统电视的 1/3。

▶ 20世纪70年代初

液晶显示器的色彩丰富，画面层次分明，颜色绚丽真实。

它的工作电压低、体积小巧、功耗极低，且成本低廉。广泛应用于仪表显示器、数字钟表显示器、电子计算器显示器、光阀、点阵显示器以及其他特种显示器等。但它是一种被动显示器件，本身不会发光，而是借助外来光显示，且外部光线越强，显示效果越好。另外，工作温度范围窄、响应速度慢是其最大的缺点。

液晶电视是绿色环保的。液晶显示器根本没有辐射可言，而且只有来自驱动电路的少量电磁波，只要将外壳严格密封即可排除电磁波外泄。所以液晶显示器又称为冷显示器或环保显示器。液晶电视不存在屏幕闪烁现象，不易造成视觉疲劳。

▲ 液晶显示屏

▲ 东芝公司的超大屏幕液晶彩电

液晶电视耗电量低，使用寿命长。按照每天使用4.5小时的年耗电量换算，用30英寸液晶电视替代32英寸显像管电视，每年每台电视可节约电能71千瓦时。液晶电视的使用寿命一般为5万个小时，比普通电视机的寿命长得多。

天线 与 电波传播

天线对于发射和接收无线电波是非常重要的，它不仅可以增加通讯距离，而且会影响接收效果。

最早使用天线的是无线电的发明者马可尼和波波夫。开始使用的天线不过是一段导线，非常简单。

1901年，在马可尼进行跨越大洋的通讯时，天线就变得复杂一些了。发射天线由30根下垂的铜线组成，顶部用水平横线连在一起，挂在两个支撑塔上。

随着无线广播、雷达和电视的发明和应用，各种各样的天线被研发出来。在使用的过程中逐渐发现，使用的天线并不是越长越好，天线的长度和波长有关。

◀ 天线对于发射和接收无线电波是非常重要的

一、天线的作用

以前，为了更好地接收电视信号，会在电视机上增加拉杆天线。拉杆天线主要用于接收频率较高的信号，且天线的长度、角度和方向，都可以改变。拉杆天线的长度应随频道的不同而改变，

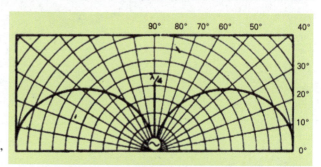

▲ 1/4 波长垂直天线接近地面时的辐射图

接收的频道频率越高天线越短，接收的频道频率越低天线越长。理论上拉杆天线的长度应为接收频道波长的1/4。要想获得最佳效果，还应改变拉杆天线的方向和夹角。

接收地面电视信号和卫星电视信号时都要

用室外天线。常用的室外天线有偶极子天线、八木天线、抛物面天线等。卫星天线接收来自卫星的下行信号，经高频头得到中频信号，送入卫星接收机，经过图像和声音处理输出图像和声音信号，然后直接送给电视机，即可重现图像和声音。

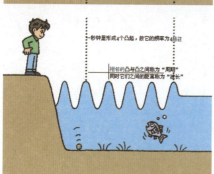

▲ 波长、频率、周期

▲ 双层十字发射天线

🎓 考考你 ▶ 用来接收电磁波的电线长度是由什么决定的？

二、天线的形状

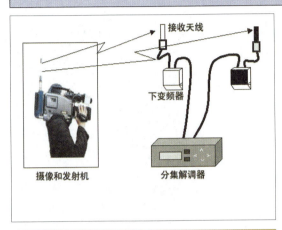

接收天线

下变频器

摄像和发射机

分集解调器

▲ 空间分集接收是利用多副接收天线来实现的。在发射端采用一副天线发射，而在接收端采用多副天线接收

因此，在**发射**时要把声音信号加到高频的电磁波上去，不需要人长的天线就可以把声波发射出去。

远距离通讯使用的短波，波长比较短，发射和接收可以共用一个天线，天线的长度也不必太长。

▲ C 波段卫星天线

早期的无线电通讯使用的是长波，因此需要很长的天线。无线电广播主要使用中波和中短波，靠地面传播，要避开地面上的障碍物。因此，发射天线都要建在一个高高的发射塔上，而接收天线并不需要太长。在无线电广播中，由于声音的频率比较低，波长比较长，需要很长的天线。如要发射频率为 3000 赫兹（波长为 100 千米）的声波，天线的长度就要达到 25 千米。

▲ 发射天线都是建在高高的发射塔上

用于调频和发送电视节目的超短波，波长在 1 米 ～ 10 米之间。因为是地面传播，要避开地面上的障碍物，发射天线同样要建在一个高高的发射塔上面。而接收天线因为要对准发射方向，用的是一种定向天线。

▶ 波长

科学大事记　1940年　美籍意大利人埃·塞格勒人工合成了破

关键词 ⊙ 微波天线　microwave antenna

三、微波传输

微波的波长比较短，在1毫米～1米之间。对于比较短的微波，如波长为2厘米，其1/4波长就是0.5厘米。因此，电容器、电阻的引线或者是放大器、整流器的管脚都有可能成为向外辐射电磁波的小天线。所以，任何一段小的导体与一个小的电容器和电感器相连，都可以构成一个发射电路，向外辐射电磁波，这会造成很大的能量损失。因此，在微波波段，就不能用通常的导线来传输电信号。

传输分米波时，用同轴电缆传输。这种同轴电缆是一根铜线，外包绝缘层，绝缘层外有铜管。外面的铜管是为了防止电磁波向外辐射。

传输厘米波或毫米波时，使用波导管。这种波导管里面是导线，外面有金属屏蔽。因为微波的传输不能用一般的电线，微波的发射和接收也不用一般的天线。

▲ 微波传输又称为视距传输

▲ 八木天线有很好的方向性

天线的形状有喇叭形、抛物面形和矩形，这些天线都属于定向天线。

金属抛物面天线有两种：一种是单反射式抛物面天线，波只经过一次反射；另一种是双反射式抛物面天线，波的接收和发射要经过两次反射。微波主要用于雷达和卫星电视。在微波天线方面，八木天线较偶极子天线有较高的增益，用它来测方向、远距离通信的效果特别好。

晶体管**的**发明

由于无线电广播和电视的发展，真空二极管和真空三极管得到了广泛的应用。二极管可用于整流和滤波，三极管可用于信号放大和做振荡器。

由于真空管的体积很大，发射设备和接收设备相应地体积都比较大，里面都带有灯丝，会消耗大量的电能，而且灯丝过热就会损坏，因此，要经常更换这些器件。

晶体管的出现就解决了这些问题，也带来了一场伟大的变革。

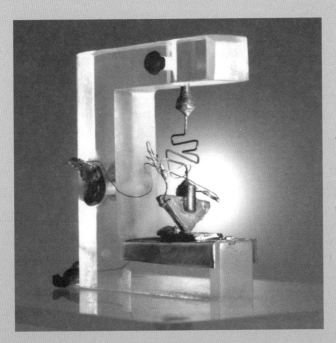

◀ 贝尔实验室在 1947 年组装的第一个真正的晶体管

一、晶体管的诞生

晶体管的发明人，是贝尔实验室的研究人员肖克莱、巴丁和布拉坦，3个人也因为这个发明荣获了1956年的诺贝尔物理学奖。

3个人当中，肖克莱擅长理论研究，PN结理论就是他提出来的。巴丁是应用理论解决实际问题的专家。布拉坦是一个实验能手。

巴丁、布拉坦、肖克莱在进行半导体晶体声音信号的放大实验时惊奇地发现，在他们发明器件时，通过的一部分微量电流可以控制另一部分流过的大得多的电流，产生了放大效益。这个器件，就是在科技史上具有划时代意义的成果——晶体管。

▲ 晶体管的发明人：肖克莱（坐）、巴丁（左）和布拉坦（右）

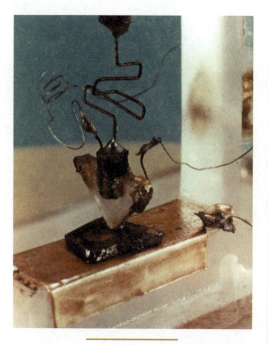

▲ 点接触型晶体管

半导体的导电性介于导体和绝缘体之间，具有这种特性的物质有硅、锗等。这两种物质在单质情况下都是晶体，但通常它们都以化合物的形式存在，我们常见的沙子中就含有硅，它的主要成分是二氧化硅。随着半导体硅、锗提纯技术的提高，可以得到高纯度的晶体硅和锗，这为晶体管的发明创造了条件。对半导体进行实验后发现，用光照射半导体，它的导电性能会大大提高。如果在纯净的半导体中掺入一些其他物质，如磷、硼等，它的导电性能也会发生很大的变化。其中，在硅或锗中掺入磷的半导体叫 N 型半导体，在硅或锗中掺入硼的半导体叫 P 型半导体。

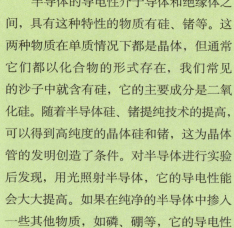

考考你 ▶ 晶体管是在什么的研究基础上发展起来的？

▶ **布拉坦纪念邮票**

布拉坦，美国物理学家。布拉坦长期在贝尔实验室工作，他首先解决了半导体的精制、成长等技术，并由此得到了相当纯净的单晶锗，为发明晶体管创造了条件。

3 人在实验中发现，把 P 型半导体和 N 型半导体连接在一起，就具有单项导电的性能。把 3 块半导体用二加一的方法放在一起，如用两个 P 型加一个 N 型或两个 N 型加一个 P 型，引出 3 个电极，加上不同的电压就具有放大功能。

1948 年，他们用半导体锗制成了点接触型晶体管，这就是第一个晶体三极管。以后，他们又发明了面接触型的晶体管。

▲ **威廉·肖克莱纪念邮票**

晶体管具有体积小、质量轻、性能好、省电以及寿命长等特点，在 20 世纪 60 年代大批生产后，迅速取代了真空管，从而使收音机、电视机以及它们的发射设备的体积大大缩小。收音机可以做得小巧，随身携带了。

▲ **约翰·巴丁纪念邮票**

约翰·巴丁，美国物理学家，两次获得诺贝尔物理学奖。

▲ **晶体管发展历程**

晶体管最初用锗做原料，后来，由于硅的提炼和加工技术的发展，再加上硅晶体比锗晶体性能优越得多，因此，**硅晶体管**取代了锗晶体管。

为什么掺有杂质的几块半导体组合在一起就有了单项导电性和放大功能呢？ 1950 年，肖克莱出版了《半导体中的电子和空穴》一书，对晶体管的原理进行了解释，并建立了 PN 结理论。

二、半导体导电特性及 PN 结

化学以及原子结构的研究表明：任何物质都是由原子构成的，原子又由原子核和在核外绕核转动的电子构成。导体（金属）之所以容易导电，是因为导体（金属）原子中的核外电子为所有的原子所共用，原子核对最外层电子的吸引力不大，这些电子容易脱离原子核的控制而成为自由电子，它们在原子间的流动就形成了电流。绝缘体不易导电，是由于绝缘体（一般是非金属）的原子核能够把核外的最外层的电子抓得很紧，电子不易流动，也就形成不了电流。而半导体的导电性能介于导体和绝缘体之间。

▲ 晶体管之父威廉·肖克莱

美国物理学家。肖克莱长期在贝尔实验室工作。1949 年，他提出了 PN 结理论，为晶体管的诞生奠定了理论基础。

在一块单晶体的两边掺入不同的杂质，单晶体的两边形成 P 型和 N 型两个异型区。多数载流子由于浓度的差异而发生扩散运动。扩散使 P 区和 N 区因失去空穴和电子而在交界面两侧留下带负电和正电的离子，形成一个空间电荷区，这个空间电荷区就是 PN 结。

🎓 考考你 ▶ PN结理论是谁提出来的？

科学大事记

1940年
奥地利兰德斯坦勒等人发现 Rh 血型因子

三、晶体三极管的放大作用

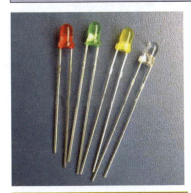

▲ 晶体三极管的工作原理基本上可以用它的放大原理来解释。因为，放大原理是晶体管一切工作的基础

三极管，是一种半导体器件，其作用是把微弱信号放大成幅值较大的电信号。**晶体三极管**有两种类型：一种是 PNP 型三极管，另一种是 NPN 型三极管。发射区的杂质浓度要远远大于基区和集电区的杂质浓度。而基区做得最薄，杂质浓度更小。这两种三极管在接入电路时要采用不同的接法，但要保证，使发射结处于正向连接（P 区接正极，N 区接负极），使集电结处于反向连接（P 区接负极，N 区接正极）。

接入电路中后，通过外部电源和电阻提供适当的直流偏置电压。两个 PN 结将三极管分为 3 个区，中间为基区，两端为发射区和集电区。从各区引出的电极分别叫基极 B、发射极 E 和集电极 C。基区与发射区之间的 PN 结叫发射结，基区与集电区之间的 PN 结叫集电结。必然使集电结变厚，发射结变薄。与二极管不同的是，由于浓度不同，这种变薄有利于电流由发射区向基区的扩散，而加厚后，有利于集结在基区的电子向集电区运动。

当基极的电流有一个微小的增加时，会削弱发射结，有更多的电子（或空穴）扩散到基区。因此，在集电极上会产生更大的电流。

当基极电流有一个微小的降低时，发射结得到加强，会阻止电子（或空穴）的扩散运动。扩散到基区的电子（或空穴）大量减少，集电极的电流也会大幅度降低，这就是晶体三极管具有放大作用的原因。即当基极电流有一个很小的变化量，集电极电流就有一个很大的变化量。三极管的放大倍数＝集电极电流的变化／基极电流的变化≈集电极电流三极管的放大倍数／基极电流三极管的放大倍数，和所用的材料多少以及浓度的大小有关系，对于一个已经做好的三极管来说，它的放大倍数是一个固定值。

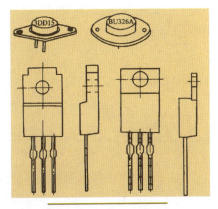

▲ 大功率三极管的外形

美国科学家威廉·肖克莱

集成电路的发展

集成电路在电子学中是一种把电路小型化的方式，通常在半导体单晶硅片表面上制造。第一个集成电路雏形是由杰克·基尔比于1958年完成的，其中包括一个双极性晶体管、3个电阻和一个电容器。之后，越来越多的电路以集成芯片的方式诞生在设计师手里，使电子电路的开发趋向于小型化、高速化。单个电路芯片集成的元件数从当时的十几个发展到目前的几亿个甚至几十亿个。20世纪80年代之后，CMOS成为超大规模集成电路的主流技术。CMOS具有功耗低、可靠性好、集成密度高等特点，已成为集成电路的主流工艺。

◀集成电路是采用半导体制作工艺，在一块较小的单晶硅片上制作许多晶体管及电阻器、电容器等元器件，并按照多层布线或隧道布线的方法将元器件组合成完整的电子电路

一、第一块集成电路

虽然晶体管比电子管体积小得多，但对于一些复杂的电路，需要成千上万个晶体管，再加上电阻、电容器、导线等电子元器件，所占的体积仍然是很大的，能不能把它们的体积缩小呢？

1952 年，英国雷达研究所的研究人员达默提出了集成电路的设想。他设想，根据电子线路的要求，将晶体管和其他电子元件统统制作在一块半导体晶片上。

这个设想由于受当时加工条件的限制而无法实施。

不久以后，随着印刷线路的发明、缩微技术以及平面工艺的发展，这个设想变成了现实。

1958 年，美国仙童公司的罗伯特·诺伊斯等制作出了世界上第一块集成电路。

二、印刷线路取代了导线

在电子设备中，连接电子元件的导线占了很大的空间，导线纵横交错，在安装和修理时都相当麻烦。为了解决这一问题，有人把印刷业使用的制版方法引入了电器制造业中，用印刷线路代替了导线。

具体方法是：首先，根据实际需要画出线路图，用照相的方法把线路图拍成同样大小的底片。然后，在一块绝缘的薄板上镀上一层铜，到暗室中在这块板上涂上感光物质，用带线路图的底片使它感光。这样，电子线路就印在铜板上了。再用化学方法把没有曝光的部分腐蚀掉，剩下的部分就是电路中的导线了。把电子元件，如晶体二极管、三极管、电阻、电容器焊接在适当的地方，就成了实用的设备了。

用这种方式制成的设备性能更可靠，而且可以批量生产，降低成本。

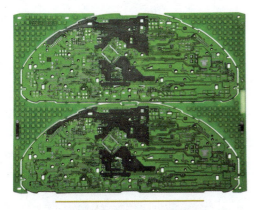

▲ 高度集成化的印刷线路板

三、集成电路工艺

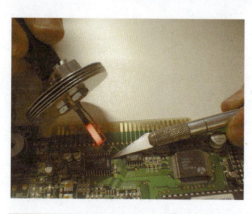

自从晶体管应用以来，人们一直在为缩小晶体管的尺寸而不断努力。到了 20 世纪 50 年代以后，小功率晶体管 PN 结的面积已经缩小到 0.07 平方毫米～ 0.2 平方毫米，但这仍然超过了实际需要。

根据理论计算，每平方毫米的 PN 结上，允许通过的电流高达几十安培。因此，对于工作电流只有几毫安或几十毫安的小功率晶体管来说，只要几十平方微米大小就足够了。

▲ 集成电路是一种微型电子器件或部件。采用一定的工艺，把一个电路中所需的晶体管、电阻、电容器和电感器等元件及导线互连在一起，制作在一小块或几小块半导体晶片或介质基片上

晶体二极管和三极管都是由半导体晶体材料制成，电容器、电阻可以通过对晶体表面加工而制得，再应用上印刷线路的技术，就有可能把这些电子元件集中在一块半导体材料上。

1957 年成立的仙童公司，做的就是这件事情。仙童公司的创始人是以诺伊斯为首的 8 名博士，原来在肖克莱的半导体研究所工作。肖克莱是晶体管的发明人之一，原来在贝尔实验室工作，后来创立了自己的公司。

经过一年的努力，仙童公司应用缩微技术，发展了平面工艺。把预先设计好的晶体管结构模型以及连接元件线路图拍成缩微底片，再对硅片进行曝光加工。预先设计好加工程序，然后，经过腐蚀、氧化等化学方法，用表面上形成的金属膜做电阻、电容器以及连接导线。

1958 年制作出了第一块集成电路，并在 1959 年申请了专利。

▲ 诺伊斯的独到之处是创造性地在氧化膜上制作出铝条连线，使元件和导线合成一体，从而为半导体集成电路的平面制作工艺、工业大批量生产奠定了坚实的基础

🎓 **考考你** ▶ 世界上第一块集成电路是什么时候出现的？

四、集成电路的应用

集成电路发明以后，主要的问题是提高集成度。开始的集成电路只集中了为数不多的晶体管和其他电子元件，随着设计和加工水平的提高，在研制出了小规模、中规模集成电路后，1967 年出现了第一块大规模的集成电路。这个电路只有米粒般大小，却包含了 1000 多个晶体管和其他元件。

10 年后，第一块超大规模的集成电路产生。1977 年，美国人在一块 30 平方毫米的硅晶片上集成了 130000 个晶体管。同一年，日本人在一块 6.1 毫米 × 5.8 毫米的硅晶片上集成了 156000 个晶体管，相当于在人头发丝一样粗细的地方就有 40 个左右的晶体管。

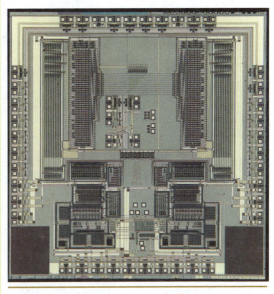

▲ 集成电路不仅在工业、民用电子设备如收录机、电视机、计算机等方面得到广泛的应用，同时在军事、通讯、遥控等方面也得到广泛的应用

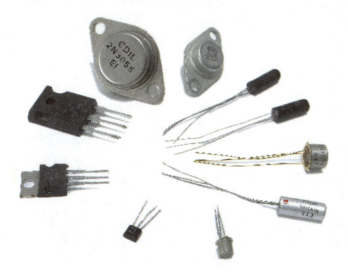

◀ 集成电路使引出线和焊接点的数目也大为减少

87

集成电路的发展，促进了电子设备，特别是计算机的更新换代。同时，使这些设备的体积越来越小。

集成电路的分类：

（一）按功能、结构分类

集成电路按其功能、结构的不同，可以分为模拟集成电路和数字集成电路两大类。

▲ 高度集约化的集成电路，可以根据不同电器的需要定型设计

模拟集成电路用来产生、放大和处理各种模拟信号（指幅度随时间连续变化的信号，例如半导体收音机的音频信号、录放机的磁带信号等），而数字集成电路用来产生、放大和处理各种数字信号（指在时间上和幅度上离散取值的信号，例如 V C D、DVD 重放的音频信号和视频信号）。

◀ 电脑的内存条就是一种集成电路器件，一般采用半导体存储单元，包括随机存储器、只读存储器以及高速缓存器

考考你 ▶ 集成电路有几种分类方法？

▲ 电脑 CPU 是最典型的集成电路，**Pentium** Ⅲ 处理器，内部集成 2800 万个晶体管

双极型 集成电路的制作工艺复杂，功耗较大，代表集成电路有 TTL、ECL、HTL、LST-TL、STTL 等类型。单极型集成电路的制作工艺简单，功耗也较低，易于制成大规模集成电路，代表集成电路有 CMOS、NMOS、PMOS 等类型。

（二）按制作工艺分类

集成电路按制作工艺可分为半导体集成电路和膜集成电路。

膜集成电路又分为厚膜集成电路和薄膜集成电路。

（三）按集成度高低分类

集成电路按集成度高低的不同可分为小规模集成电路、中规模集成电路、大规模集成电路和超大规模集成电路。

（四）按导电类型不同分类

集成电路按导电类型可分为双极型集成电路和单极型集成电路。

（五）按用途分类

集成电路按用途可分为电视机用集成电路、音响用集成电路、影碟机用集成电路、录像机用集成电路、电脑（微机）用集成电路、电子琴用集成电路、通信用集成电路、照相机用集成电路、遥控用集成电路、语言用集成电路、报警器用集成电路及其他专用集成电路。

▲ i 486 处理器

科学发明发现的由来

(1) 电视机用集成电路包括场扫描集成电路、中放集成电路、伴音集成电路、彩色解码集成电路、AV/TV 转换集成电路、开关电源集成电路、遥控集成电路、丽音解码集成电路、画中画处理集成电路、微处理器集成电路、存储器集成电路等。

▲ 教学用电视机集成电路装置

(2) 音响用集成电路包括 AM/FM 高中频电路、立体声解码电路、音频前置放大电路、音频运算放大集成电路、音频功率放大集成电路、环绕声处理集成电路、电平驱动集成电路、电子音量控制集成电路、延时混响集成电路、电子开关集成电路等。

(3) 影碟机用集成电路有系统控制集成电路、视频编码集成电路、MPEG 解码集成电路、音频信号处理集成电路、音响效果集成电路、RF 信号处理集成电路、数字信号处理集成电路、伺服集成电路、电动机驱动集成电路等。

▲ 集成声显网卡

(4) **录像机** 用集成电路有系统控制集成电路、伺服集成电路、驱动集成电路、音频处理集成电路、视频处理集成电路。

▶ U 盘内部结构

计算机 的 发展历程

计算机是由逻辑电路组成的，逻辑电路通常只有两个状态：开关的接通与断开，这两种状态正好可以用"I""O"表示。

ENIAC 的问世表明了电子计算机时代的到来。根据计算机所采用的电子器件的发展划分，计算机的发展已经历了以下 4 个阶段：第一代——电子管计算机时代；第二代——晶体管计算机时代；第三代——中小规模集成电路计算机时代；第四代——大规模和超大规模集成电路计算机时代。

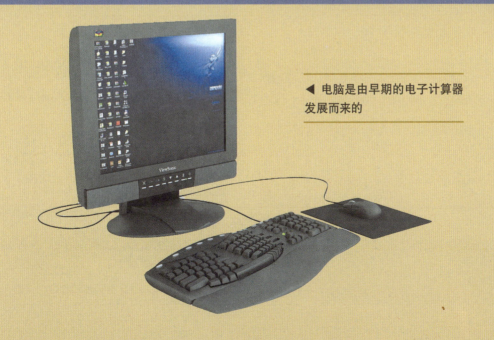

◀ 电脑是由早期的电子计算器发展而来的

一、计算机的概念

计算机的发展可以分为 3 个阶段。第一阶段是靠齿轮传动的机械式计算器，这种计算器主要用于加减乘除运算。它的发明者有法国人帕斯卡、德国人莱布尼茨和英国人巴贝奇。

第二阶段是电应用以后产生的半机械半电力计算机，这种计算机主要使用继电器，也使用齿轮，美国人艾肯设计的马克 1 号是这个类型计算机的代表。这种计算机也用于数值计算，计算速度要比人快。

▲ 机械式差分计算机

▲ 20 世纪 50 年代 IBM 电子管计算机

第三阶段是电子计算机，这种计算机可以分为 4 代。第一代是电子管计算机；第二代是晶体管计算机；第三代是小规模集成电路计算机；第四代是大规模和超大规模集成电路计算机。电子计算机早期主要用于数值计算，后来又发展了许多其他功能。

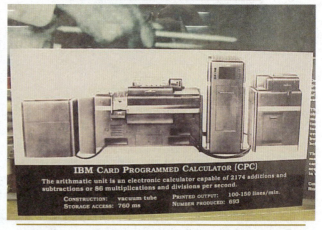

▲ 20 世纪 60 年代 IBM 晶体管计算机和可编程数字接口

考考你 ▶ 帕斯卡发明的第一台计算器只能进行哪种运算？

从无线电通讯到电器应用

二、从帕斯卡到巴贝奇

1. 帕斯卡和他的加法器

最早的机械式计算器是法国人帕斯卡发明的。

帕斯卡 （1623 年—1662 年）生活的年代正是大气压被发现的年代。帕斯卡是大气压随高度递减规律的发现者，也是液压原理的发现者。

在数学上，帕斯卡发现了六边形定理和帕斯卡三角。帕斯卡在科学上的贡献是多方面的。

帕斯卡发明计算器时只有 19 岁，也就是在 1642 年。当时，帕斯卡看到在税务所任职的父亲计算工作很繁重，于是就发明了一种能进行加法运算的加法器，以减轻父亲繁重的计算工作。这是一组齿轮传动装置，在齿轮的外侧装有 0 ~ 9 共 10 个数字。一个齿轮转动一周时，旁边的齿轮随之转动 1/10 周，相隔的齿轮转动 1/100 周，能够逢 10 进位。

▲ 帕斯卡是第一台计算器的发明者

我们今天使用的水表和煤气表应用的就是这个原理。帕斯卡做了 50 台这种计算器，都不太好用。要进行多位数的计算时，必须使许多齿轮相互啮合，但当时的机械加工技术很低，造不出这种足够精确的齿轮。因此，这种计算器不能够运算自如。

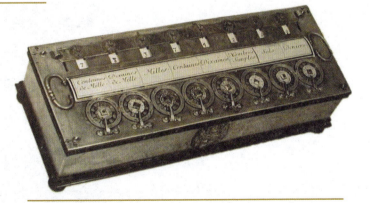

▲ 法国人帕斯卡于 1642 年设计出了世界上第一台计算器，但它只是利用手转动齿轮来实现加法运算

▶ 加法运算

2. 莱布尼茨的二进制和计算机

几十年之后，德国数学家**莱布尼茨**发明了能够进行加减乘除运算的计算机。莱布尼茨和科学巨人牛顿生活在同一时代，是微积分的发明者之一。1671 年—1694 年，莱布尼茨用了 20 多年的时间，研制出了既可以做加减计算，也可以做乘除计算的计算机。他使用的方法和帕斯卡稍有不同，其内部增加了一种"步进轮"装置，步进轮是一个有 9 个齿的长圆柱体，9 个齿顺次分布在圆柱表面，在它的旁边还有一个小齿轮，其能沿着轴转动，并顺次同步进轮啮合。

▲ 莱布尼茨像

德国最重要的自然科学家、数学家、物理学家、历史学家和哲学家，一个举世罕见的科学天才，和牛顿同为微积分的创建人。他博览群书，涉猎百科，对丰富人类的科学知识宝库做出了不可磨灭的贡献。后来，他对帕斯卡的加法器很感兴趣。于是，莱布尼茨也开始了对计算机的研究。

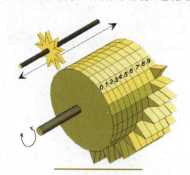

▲ 步进轮示意图

在进行加减运算时，齿轮不像帕斯卡齿轮那样始终啮合，而是进位之后，齿轮断开。在进行乘除运算时，比如某数乘 543，只需要在个位上把某数反复 3 次，在十位上反复 4 次，在百位上反复 5 次，无须把手柄反复543 次，只需要摇动 12 次就可以得到结果。

但当时造不出精密的齿轮，因此，莱布尼茨的机器经常会出现错位的情况，得不出正确的结果。

▲ 步进轮使加减法变为乘除法

✉ **考考你** ▶ 莱布尼茨发明的计算机当中应用了什么结构?

直到 1820 年，随着机械加工技术的进步，法国人才制造出了精度很高的莱布尼茨型计算机。

值得一提的是，我们今天计算机中使用的二进制就是莱布尼茨发明的。

二进制是逢二进一，可以用 0 和 1 表示所有的数。

计算机内部采用二进制的原因：

（1）技术实现简单。计算机由逻辑电路组成，逻辑电路通常只有两个状态，开关的接通与断开，这两种状态正好可以用 0 和 1 表示。

（2）简化运算规则。两个二进制数的和、积运算组合各有 3 种，运算规则简单，有利于简化计算机内部结构，提高运算速度。

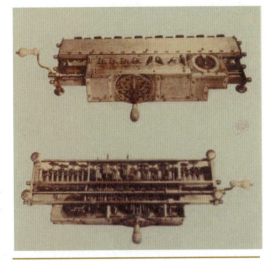

▲ 乘法机由不动的计数器和可动的定位机构组成

（3）适合逻辑运算。逻辑代数是逻辑运算的理论依据，二进制只有两个数码，正好与逻辑代数中的"真"和"假"相吻合。

（4）易于进行转换。二进制与十进制数易于互相转换。

（5）用二进制表示数据具有抗干扰能力强、可靠性高等优点。因为每位数据只有高、低两个状态，当受到一定程度的干扰时，仍能可靠地分辨出它是高还是低。

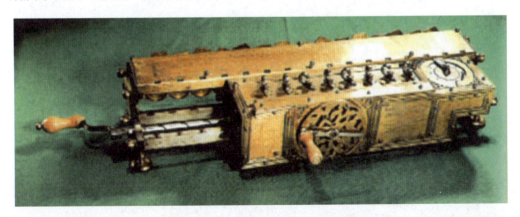

▲ 德国数学家莱布尼茨于 1678 年发明了可做乘除运算的计算机。但这些机械计算机的性能过于落后，远远满足不了人们的需要

▶ 步进轮

关 键 词 ⬤ 差分机 *difference engine*

3. 巴贝奇的差分机和解析机

机械式计算机的最高成就是英国人巴贝奇设计的差分机和解析机。他想设计的计算机不仅能进行加、减、乘、除等简单计算，而且希望能够进行对数、平方、立方以及解方程等复杂计算。

查尔斯·巴贝奇（1792年—1871年），与蒸汽机车的发明者斯蒂芬孙、电磁感应的发现者法拉第以及写《物种起源》的达尔文生活在同一时代。而且，他和这些人还是很好的朋友。

巴贝奇爱好数学，是一个天生的梦想家。巴贝奇制造计算机的目的是想消除数学计算表的错误，这些数学计算表包括对数表、平方表、立方表、开方表、航海表、天文星图等。工程师、天文学家、领航员、科学家、银行家和商人们，每天都要依靠这些计算表来工作。巴贝奇在上大学时发现计算表中有错误，要

▲ 查尔斯·巴贝奇

查尔斯·巴贝奇是英国的数学家、发明家、现代自动计算机的发明者和科学管理的先驱者。

修正这些错误，就需要大量的繁琐的数字计算，于是巴贝奇想制造出一种机器来代替手工计算。

1812年—1822年，经过10年的努力，巴贝奇终于制造出一台差分机模型。它能够根据设计者的安排自动完成运算过程。可以进行相当复杂的数学计算，对编制航海表和天文表很有帮助。

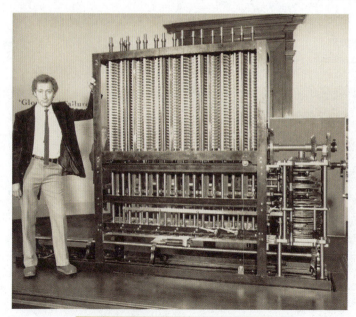

▲ 这部古老的计算机至今仍令人无限敬仰

🎓 **考考你** ▶ 查尔斯·巴贝奇设计的分析机由哪几个部分组成？

▲ 差分机的存储器是由齿轮组构成的

巴贝奇在 1833 年设计的分析机，具有现代计算机的雏形。受纺织业穿卡片提花机的启发，在设计中把穿卡片技术移植了过来。这个分析机包括输入结构、存储器、运算器、控制器和输出装置等 5 个部分，设想可以完成 60 次加减法运算或两个 50 位数的乘法。

▲ 1822 年巴贝奇研制的差分机

1822 年，他写信给英国皇家学会的主席、著名的化学家戴维，表示要制造一台更大的差分机。**差分机**有 7 个存储器，每个存储器可以保存 20 位数字。政府对此投了资，但由于制造技术满足不了要求，制作 10 年，也只是完成了部分构件。

▲ 巴贝奇一生追逐的梦——分析机

1833 年，巴贝奇又开始构思定名为"分析机"的新自动化计算机，其开创性在于这是历史上第一台具有运算器、存储器、控制器、输入输出器等基本部件的通用计算机。

为了实现这一设想，他设计了 30 多个方案，画了近 200 张图纸。当时的英国首相，曾经在滑铁卢打败过拿破仑的惠灵顿公爵，对他的设计表示赞同。为此，巴贝奇得到了相当于今天 100 万英镑的赞助。

还是由于技术水平的限制，巴贝奇花了近 50 年的时间，也只是完成部分构件。但他这一构想深深地影响了现代计算机的设计。

▶ 输入结构、存储器、运算器、控制器、输出装置

关键词 ● 数理逻辑 mathematical logic

三、计算机工作原理

1. 布尔代数

1854 年，英国自学成才的数学家，后来的大学教授乔治·布尔（1815 年—1864 年）发表了《思维规律研究》，成功地把形式逻辑归结为一套代数计算。

如把真命题取为 1（是），假命题取为 0（非），

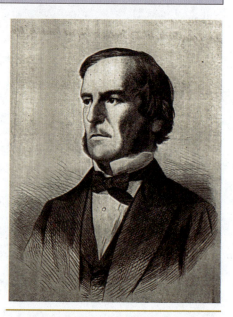

▲ 逻辑代数又称布尔代数，正是以它的创立者——英国数学家布尔的名字命名的

这样，复杂的问题靠数值运算就可以求得它是真值还是假值。然后，再对它进行解释。这一代数形式被称为逻辑代数或布尔代数。

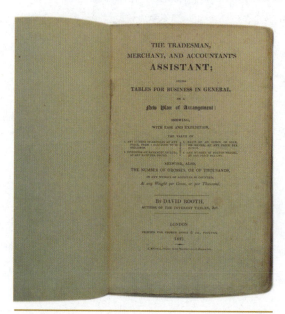

▲ 布尔发表了《思维规律研究》，成功地把形式逻辑归结为一套代数计算

布尔代数是计算机设计的理论基础，有了布尔代数，计算机不仅可以进行数值计算，还可以进行逻辑思维了。不仅如此，布尔代数也成了以后产生的自动化技术的理论基础。后来，布尔代数和其他数学基本问题结合起来，发展成为一门独立的学科——数理逻辑。

◀ 1940 年的计算机

🎓 **考考你** ▶ 计算机设计理论的基础是什么？

2. 机电式计算机

电的应用，特别是电磁铁被发明之后，很快就有人想到用它来进行数值计算。电磁铁（或电磁继电器）可以看作是电路的开关，与普通开关不同，每一个电磁铁的开关状况都要受另一个电磁铁的控制。

因此，把电磁铁串联、并联或混联之后，就可以进行二进制的加、减、乘、除以及乘方、开方运算。

▲ 19 世纪末，美国人口普查局的统计学家霍列瑞斯博士，首先用穿孔卡片完成了第一次大规模数据处理

1884 年，美国统计学家霍列瑞斯（1860 年—1929 年）和比林斯设计出一台处理统计数据的，使用继电器的计算机。

▲ 1890 年，霍列瑞斯发明的制表机

▲ 打孔模板和卡片

这台计算机是为美国进行人口普查而设计的。

1890 年进行的人口普查，数据使用穿孔卡片，这种卡片使用感应器来阅读，感应器感觉到卡片上的穿孔，就发出相应的电信号，然后电就可以把数据汇总整理出来。

1896 年，霍列瑞斯创立了制表机器公司，即 IBM（国际商业机器公司）的前身。

99

▶ 布尔代数

科学发明发现的由来

▲ 德国工程师祖斯和他发明的计算机

1941年，德国工程师**祖斯**制成了世界上第一台全部采用电磁继电器和二进制程序控制的计算机。当时正处于第二次世界大战中，由于战争保密，直到战后他的发明才被世人知道。

▲ 1941年，祖斯制成了世界上第一台全部采用电磁继电器和二进制程序控制的计算机

而人们熟知的机电式计算机，是美国哈佛大学的霍华德·艾肯在1944年制造的马克1号。艾肯的设计和100多年前巴贝奇的设计方案非常相似，不过，他使用的是继电器，而不是机械齿轮。

电磁继电器的开关速度大约为1/100秒，每秒钟可以运算3次。

▶ **美国计算机之父美——霍华德·艾肯**

1939年取得哈佛大学物理学博士学位，是现代大型计算机的开拓者。

▲ 1944年艾肯制造的马克1号

不久，电子管被用来制造计算机。真空三极管栅极控制电流的开关速度比继电器快一万倍，用真空管制造的计算机比用电磁铁制造的计算机的计算速度要快上万倍。

🎓 **考考你** ▶ 第一台完全采用继电器和二进制程序控制的计算机是谁设计的？

四、电子计算机的出现

1. 真空管（电子管）计算机

　　第一台使用**真空管**的电子计算机，是美国宾夕法尼亚大学的物理学家莫奇里和24岁的青年研究生艾克特领导200多名工程技术人员，在1946年制成的，研制这台计算机共耗资48万美元。

▲ 艾克特像

▲ 世界上第一台真空管计算机简称为 ENIAC

　　这台机器是为战争而设计的，它的目的是计算马里兰州一个炮场的弹道火力表。每张表要计算2000多条弹道。当时即使一个熟练的计算员用台式计算器计算一条飞行时间是60秒的弹道也需要20多个小时。

▲ 第一台电子管计算机的研制人员

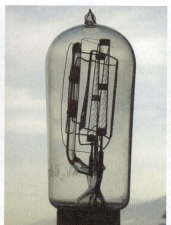

▲ 20 世纪初，谁也想不到这些制作精美的电子管会把人类带入电子时代

　　这个实验炮场就和宾夕法尼亚大学共同组建了实验室，实验室还聘请了 200 多名计算员从事计算工作，即使这样，有些表格也要花费两三个月的时间。

　　在这种情况下，新的计算机诞生了。

　　这台计算机一共用了 18800 个电子管，1500 个继电器，8000 多个电阻、电容器元件，重为 30 吨，占地 170 平方米，功率为 140 千瓦。

　　它使用的仍然是十进制，包括控制、运算、存储、输入和输出 5 部分。

　　控制部分主要由一系列指令（或者叫程序）组成，每条指令规定哪些数据做什么样的运算。

▲ 电子管开始被用在计算机上

　　运算部分主要进行加减运算，每秒钟可加减 5000 次。复杂的运算被分解成一系列的加减法来进行。

　　用**电子管**做的存储器，可以存储 10 位以下的数字，存储量有限。

　　输入和输出部分使用的是穿孔卡片。

　　这台真空管计算机还不算是第一代电子计算机。在此基础上，经过美籍匈牙利人约翰·冯·诺伊曼改进以后的计算机，才被看作是第一代电子计算机。

🎓 **考考你** ▶ 纳翰·冯·诺伊曼提出的什么理论成为计算机设计的基本原则？

2. 诺伊曼的电子计算机

约翰·冯·诺伊曼 (1903

年—1957年)出生于匈牙利的布达佩斯,曾获数学及物理学博士学位,曾在德国柏林及汉堡当过教师,后移居美国,在普林斯顿大学工作,曾参与第一颗原子弹的研制工作。

1944年,约翰·冯·诺伊曼在一个火车站遇到炮场联络官——中尉戈德斯坦,戈德斯坦原是一位数学家,现在担任实验炮场的对外联络工作。戈德斯坦向冯·诺伊曼谈起了莫奇里、艾克特和他自己所从事的工作,冯·诺伊曼非常感兴趣。几天后,他专程去参观了这台计算机,并被邀请参加了改进工作。

冯·诺伊曼对计算机做了如下改动:

(1)使用二进制。

(2)完全取消了继电器,用真空管线路代替了原来的继电器。

(3)用包含水银柱的特殊线路作为存储器,存储能力提高了100倍,以后改为磁芯存储器。

(4)把程序外插改为程序内存,在运算之前,

"计算机之父"——约翰·冯·诺伊曼

约翰·冯·诺伊曼,是20世纪最杰出的数学家之一,他在1945年提出了"程序内存式"计算机的设计思想。这一卓越的思想为电子计算机的逻辑结构设计奠定了基础,已成为计算机设计的基本原则。由于他在计算机逻辑结构设计上的伟大贡献,他被誉为"计算机之父"。

把指令和数据一起输入计算机。

这种经过改进的使用二进制、程序内存的计算机是第一代电子计算机的鼻祖。因而,冯·诺伊曼又被称为"电子计算机之父"。

第一代电子计算机由于数量少、造价高,所以主要用于军事科研计算。

▲ 现代计算机的发展全靠冯·诺伊曼的第一次推动。图为冯·诺伊曼和他发明的第一代电子计算机

▶ 程序内存式

3. 晶体管电子计算机

晶体管发明之后，很快就取代了计算机中的电子管。因此，第二代电子计算机就是晶体管电子计算机。

这时的计算机磁芯能存储几万到十几万个数据。以后，日本发明家中松义郎发明了软式磁盘，可以存储几百万甚至几千万个数据。

第二代计算机已经使用各种计算机语言来**编制程序**，编制的程序称为软件。由于使用了晶体管，计算机的体积大大缩小了。

▲ 1954 年 5 月 24 日，贝尔实验室使用 800 只晶体管组装了世界上第一台晶体管计算机 TRADIC

▲ 1959 年，IBM 推出 IBM 7090 型全晶体管大型机，运算速度达到每秒 229000 次，成为第二代电脑的标志产品。美国美洲航空公司为它的订票系统购买了两台主机，远程连接 65 座城市

🎓 **考考你** ▶ 使用集成电路的计算机是第几代计算机？

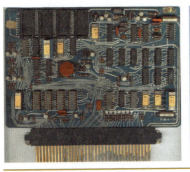

▲最早的集成电路处理器

4. 集成电路计算机

1958年，美国仙童公司的罗伯特·诺伊斯制成了第一块集成电路。同年，德克萨斯仪器公司也宣布研制成功了集成电路。

集成电路的出现，改变了传统的电子线路的观念，它将晶体管和其他电子元件包括导线都集中在一块硅片上。1960年，德克萨斯仪器公司建立了世界上第一条集成电路生产线。

1962年，用集成电路组装的小型计算机出现。

1964年，IBM制成了使用集成电路的IBM 360型系列机。

▲ 集成电路之父、英特尔创始人——罗伯特·诺伊斯

集成电路在不大的一块硅片上，可以集中上百个或者上千个晶体管。

使用集成电路的计算机是第三代计算机，它的体积比第二代计算机更小，各种**操作系统**已经出现。

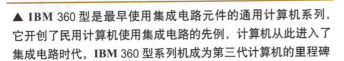

▲ IBM 360型是最早使用集成电路元件的通用计算机系列，它开创了民用计算机使用集成电路的先例，计算机从此进入了集成电路时代。IBM 360型系列机成为第三代计算机的里程碑

▲ 英特尔公司的 3 位创始人。左起：诺伊斯、格罗夫、莫尔

5. 诺伊斯和英特尔公司

集成电路的制造者罗伯特·诺伊斯，最早是在威廉·肖克莱创立的半导体研究所工作。该研究所当时有 12 名博士从事半导体器件及工艺技术的研究。

1953 年，诺伊斯从麻省理工学院获得博士学位后，加入了这个研究所。后来，担任了这个研究所的总经理。

▲ 英特尔新推出的 ITANIUM 2 代处理器

1957 年，以 **诺伊斯** 为首的 8 位博士脱离肖克莱的研究所，创办了仙童公司，研制没有导线又能代替电阻、电容器的集成电路。

▲ 英特尔公司的处理器 8088 在 IBM PC 5150 上使用，标志着个人电脑的诞生

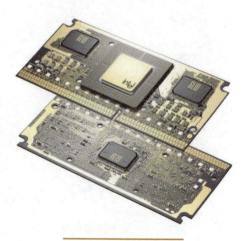

▲ Pentium Ⅱ系列 CPU

🎓 考考你 ▶ 袖珍型计算机是从什么时候开始出现的？

1958 年，集成电路研制成功。从前占据 110 平方米的计算机，被现在只有火柴盒大小的集成电路片所代替。在当时，集成电路成了比黄金还要诱人的商品，它的销售额从几千美元迅速上升到 1.3 亿美元。

1968 年，诺伊斯离开了仙童公司，和莫尔博士共同创立了英特尔公司。这个一开始靠租房子和机器起家的无名小公司，10 年后发展为生产集成电路芯片的大公司。诺伊斯本人拥有 162 项半导体专利。

20 世纪 70 年代，大规模集成电路和超大规模集成电路的出现，使计算机进入了第四代。第四代计算机的运算速度更快了，而且计算机向小型化、微型化发展。1970 年出现的袖珍计算器，全部的计算功能被集中在一块芯片上，用一个小电池就可以使用，能够随身携带。

▶ 第一台可编程袖珍计算器 TI-58C

286处理器

386处理器

486处理器

Pentium处理器

▲ intel 处理器的发展

关 键 词 🌑 苹果公司 Apple Inc

6. 特德·霍夫和电脑

1971 年，英特尔公司的特德·霍夫制成了世界上第一台微处理器。它是个人使用的小型电脑的前身，在一块指甲盖大小的硅片上集中了 2500 个晶体管。虽然功能有限，但可以安装在照相机、电视机、打字机和许多其他家用电器上，而且有一定的思考能力。

特德·霍夫毕业于斯坦福大学，以后在该校的计算所工作了几年。1962 年，他获得了博士学位；1968 年，进入了英特尔公司。当时，日本一家公司正委托英特尔公司设计用于台式计算机的专用集成电路芯片，设计方案几经修改。

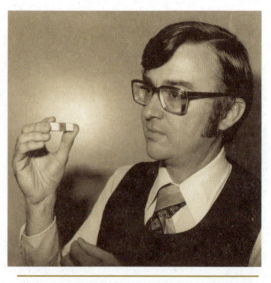

▲ 1971 年 11 月 15 日，英特尔公司发布世界上首枚微处理器芯片 Intel 4004，该芯片上集成了 2000 个晶体管，处理能力相当于世界上第一台计算机。这枚微处理器的总设计师就是特德·霍夫，他因发明了微处理器，被英国《经济学家》杂志称为"第二次世界大战以来最有影响力的科学家之一"

▲ 1971 年，英特尔公司以霍夫为首的研制小组，研制了世界上第一个微处理器芯片 4004，意味着电脑 CPU 已经缩微成一块集成电路，意味着"芯片上的电脑"诞生

最后，**特德·霍夫**把起控制作用的中央处理器集中在一块半导体芯片上，这一设想导致了微机的诞生。微机的诞生，为计算机进入其他领域创造了条件。在微机中，键盘和打印机代替了原始的输入、输出设备——穿孔卡片，并且使用电视荧光屏作为显示器。最先出现在市场的微机是"牵牛花"牌，以后又出现了苹果公司生产的"苹果"牌微机。在此之后，其他品牌的微机也开始出现了。

🎓 **考考你** ▶ 微机诞生的基础是什么？

7. 鼠标的发明

对于电脑，一项重要的发明就是**鼠标**。鼠标被认为是自汽车电子点火器发明以来，最重要的发明。电子点火器使任何没有足够体力的人都能够发动汽车，而鼠标可以使任何没有电脑知识的人都能够和电脑交流。鼠标的发明者是美国人道格·恩格尔巴特。恩格尔巴特是美国航空航天局的一名工程师，由于经常和电脑打交道，产生了与电脑进行交流的想法。

▲ 世界上最早的鼠标诞生于 1964 年，它是由美国人道格·恩格尔巴特发明的，鼠标的发明，曾被 IEEE（全球最大的专业技术学会）列为计算机诞生 50 年来最重大的事件之一

1963 年，在斯坦福研究所，用木头和小铁轮制成了最初的鼠标，由导线和主机相连，就像一只拖着尾巴的小老鼠，因而得名——鼠标。它的正式名称是显示系统纵横位置指示器。经过不断完善，1983 年，苹果公司推出的"莉萨"牌个人电脑首先配备了鼠标。以后，其他电脑品牌也配备了鼠标。

▲ 轨迹球式鼠标

▲ 世界上第一个鼠标

▲ 三键鼠标

▲ 光电式鼠标

这使生产鼠标的逻辑技术公司大发其财，1981 年—1986 年，这个公司共生产了一亿多只鼠标，控制了全球 40% 的鼠标市场。在电脑软件设计方面，1975 年成立的微软公司应该是最成功的公司，DOS 操作系统和 Windows 操作系统都是这个公司完成的。公司的创立者是比尔·盖茨和保罗·艾伦。

▶ 微处理器的研制成功

关 键 词 ● 生物计算机 bio—computer

五、新型计算机

现在新出现的一些新型计算机有生物计算机、光子计算机、量子计算机等。

1. 生物计算机

▲ 雷纳德·阿德勒曼

1994年，美国南加州大学教授雷纳德·阿德勒曼，在《科学》杂志上发表一篇题为《组合问题的生物电脑解决方案》的论文，首次提出分子计算机，即用 DNA 分子构建电脑的设想。

生物计算机的主要原材料是生物工程技术产生的蛋白质分子，并以此作为生物芯片，利用有机化合物存储数据。在这种芯片中，信息以波的形式传播，当波沿着蛋白质分子链传播时，会引起蛋白质分子链中单键、双键结构顺序的变化，例如一列波传播到分子链的某一部位，它们就像硅芯片集成电路中的载流子那样传递信息。运算速度要比当今最新一代计算机快 10 万倍，它具有很强的抗电磁干扰能力，并能彻底消除电路间的干扰。能量消耗仅相当于普通计算机的十亿分之一，且具有巨大的存储能力。由于蛋白质分子能够自我组合，再生新的微型电路，使得生物计算机具有生物体的一些特点，如能发挥生物本身的调节机能，自动修复芯片上发生的故障，还能模仿人脑的机制等。

生物计算机的优越性是十分诱人的，现在世界上许多科学家都在研制它。50 年前的真空电子管出现时，有谁会想到今天的电子计算机能风靡全球；生物计算机有朝一日出现在科技舞台上，就有可能彻底实现现有计算机无法实现的人类右脑的模糊处理功能和整个大脑的神经网络处理功能。

DNA 生物电脑

阿德勒曼利用他发明的 DNA 生物电脑，解决了一个实际的数学难题。这个题目是这样的："由 14 条单行道连接着 7 座城市，请找出走过上述全部城市的最近路径，而且不能走回头路。"阿德勒曼教授设法驱使试管中的 DNA 分子来完成计算，他用 DNA 单链代表每座城市及城市之间的道路，并按顺序编码。这样一来，每条道路"黏性的两端"就会根据 DNA 组合的化学规则，与两座正确的城市相连。然后，他在试管中把这些 DNA 链的几十亿个副本混合起来，让它们以无数种可能的组合连接在一起。

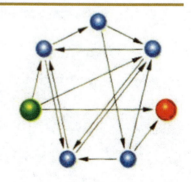

🎓 **考考你** ▶ 量子计算机在运算时采用什么方式?

2. 二进制的非线性量子计算机

　　美国IBM科学家伊萨克·张介绍，量子计算机是利用原子所具有的量子特性进行信息处理的一种全新概念的计算机。量子理论认为，非相互作用下，原子在任一时刻都处于两种状态，称为量子超态。原子会旋转，即同时沿上、下两个方向自旋，这正好与电子计算机的 0 与 1 完全吻合。如果把一群原子聚在一起，它们不会像电子计算机那样进行线性运算，而是同时进行所有可能的运算，例如量子计算机处理数据时不是分步进行，而是同时完成。只要 40 个原子一起计算，就相当于今天一台超级计算机的性能。量子计算机以处于量子状态的原子作为中央处理器和内存，其运算速度可能比奔腾 4 芯片快 10 亿倍，就像一枚信息火箭，在一瞬间搜寻整个互联网，可以轻易破解任何安全密码，黑客行为轻而易举，难怪美国中央情报局对它特别感兴趣。

▲ 奔腾 4 芯片

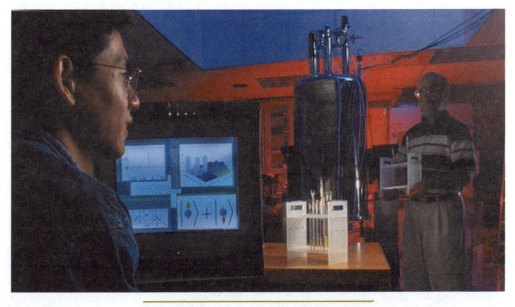

▲ 科学家伊萨克·张操作 IBM 的量子计算机

▶ 非线性方式

3. 光子计算机

1990 年初，美国贝尔实验室制成世界上第一台光子计算机。

光子计算机是一种由光信号进行数字运算、逻辑操作、信息存储和处理的新型计算机。光子计算机的基本组成部件是集成光路，要有激光器、透镜和核镜。

由于光子比电子速度快，光子计算机的运行速度可高达每秒一万亿次。它的存储量是现代计算机的几万倍，还可以对语言、图形和手势进行识别与合成。

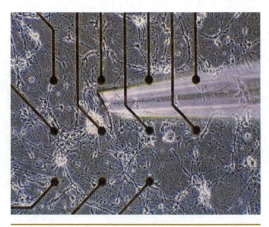

▲ 新技术能对光子进行不可思议的操控。图为微小环路可以控制光波脉冲

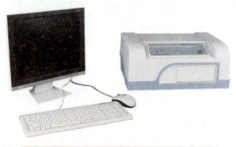

▲ MPC-1 型微孔板单光子计数仪主机

目前，许多国家都投入巨资进行光子计算机的研究。随着现代光学与计算机技术、微电子技术相结合，在不久的将来，光子计算机将成为人类普遍的工具。

光子计算机与电子计算机相比，主要具有以下优点：

(1) 超高速的运算速度。光子计算机并行处理能力强，因而具有更高的运算速度。电子的传播速度是 593 千米／秒，而光子的传播速度却达到 3×10^5 千米／秒，对于电子计算机来说，电子是信息的载体，它只能通过一些相互绝缘的导线来传导，即使在最佳的情况下，电子在固体中的运行速度也远远不如光速，尽管目前的电子计算机运算速度不断提高，但它的能力还是有限的；此外，随着装配密度的不断提高，会使导体之间的电磁作用不断增强，散发的热量也在逐渐增加，从而制约了电子计算机的运行速度；而光子计算机的运行速度要比电子计算机快得多，对使用环境条件的要求也比电子计算机低得多。

(2) 超大规模的信息存储容量。与电子计算机相比，光子计算机具有超大规模的信息存储容量。光子计算机具有极为理想的光辐射源——激光器，光子的传导是可以不需要导线的，而且即使在相交的情况下，它们之间也不会产生丝毫的相互影响。光子计算机无导线传递信息的平行通道，其密度实际上是无限的。光子在光介质中传输造成的信息畸变和失真极小，它的信息通过能力是全世界现有电话电缆通道的许多倍。

考考你 ▶ 光子的传播速度是多少？

（3）能量消耗小，散发热量低，是一种节能型产品。光子计算机的驱动，只需要同类规格的电子计算机驱动能量的一小部分，这不仅降低了电能消耗，大大减少了机器散发的热量，而且为光子计算机的微型化和便携化研制提供了便利的条件。科学家们正尝试将传统的电子转换器和光子结合起来，制造一种"杂交"的计算机，这种计算机既能更快地处理信息，又能克服巨型电子计算机运行时内部过热的难题。

▲ 光子计算机是一个值得努力实现的目标，其原因是使用光可增加计算机的处理速度以及可处理的数据质量，但是获得、存储和处理光是非常困难的

▶ 光盘是以光信息为储存物的载体，用来存储数据的一种物品

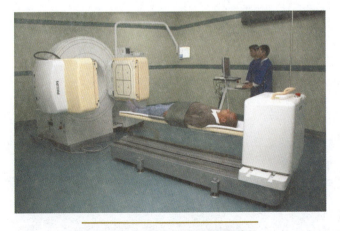

▲ 单光子发射型计算机断层显像仪

目前，光子计算机的许多关键技术，如**光存储**技术、光互联技术、光电子集成电路等都已经获得突破，最大幅度地提高光子计算机的运算能力是当前科研工作面临的攻关课题。光子计算机的问世和进一步研制、完善，将为人类跨向更加美好的明天提供无穷的力量。

▶ 3×10⁵千米/秒

关 键 词 混合计算机 analog-digital computer

4. 混合计算机

混合计算机是可以进行数字信息和模拟物理量处理的计算机系统。混合计算机通过数模转换器和模数转换器将数字计算机和模拟计算机连接在一起，构成完整的混合计算机系统。混合计算机一般由数字计算机、模拟计算机和混合接口 3 部分组成，其中模拟计算机部分承担快速计算的工作，而数字计算机部分则承担高精度运算和数据处理的工作。混合计算机同时具有数字计算机和模拟计算机的特点：运算速度快、计算精度高、逻辑和存储能力强、存储容量大和仿真能力强。随着电子技术的不断发展，混合计算机主要应用于航空航天、导弹系统等实时性的复杂大系统中。

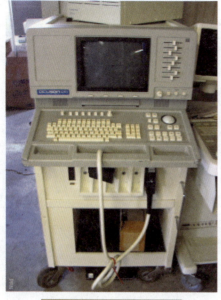

▲ 128 个频道的混合计算机

在混合计算机上操作时，来自模拟计算机的模拟变量通过模数转换器转换为数字变量，传送至数字计算机。同时，来自数字计算机的数字变量通过数模转换器转换为模拟信号，传送至模拟计算机。除了计算变量的转换和传送外，还有逻辑信号和控制信号的传送。用以完成并行运算的模拟计算机和串行运算的数字计算机在时间上同步。

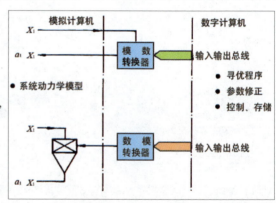

▲ 混合计算机用于参数寻优

数字计算机每完成一帧运算，就与模拟计算机交换一次信息，修正一次数据，而在两次信息交换的时间间隔内，两种计算机都以前一帧的计算结果作为初值进行运算。这个时间间隔称为帧同步时间。对混合程序的设计，要求用户考虑模型在不同计算机上的分配、对帧同步时间的选择以及对连接系统硬件特性的了解等。

现代混合计算机已发展成为一种具有自动编排模拟程序能力的混合多处理机系统。它包括一台超小型计算机、一两台外围阵列处理机、几台具有自动编程能力的模拟处理机；在各类处理机之间，通过一个混合智能接口完成数据和控制信号的转换与传送。这种系统具有很强的实时仿真能力，但价格昂贵。

考考你 ▶ 混合计算机一般由哪3部分组成？

5. 智能计算机

智能计算机迄今未有公认的定义。计算理论的奠基人之一阿兰·麦席森·图灵定义计算机为处理离散量信息的数字计算机。而对数字计算机能不能模拟人的智能这一原则问题，存在截然对立的看法。1937年丘奇和图灵分别独立地提出关于人的思维能力与递归函数的能力等价的假说。这一未被证明的假说后来被一些人工智能学者表述为：如果一个可以提交给图灵机的问题不能被图灵机解决，则这个问题用人类的思维也不能解决。这一学派继承了以逻辑思维为主的唯理论与还原论的哲学传统，强调数字计算机模拟人类思维的巨大潜力。

▲ 丘奇

▲ 图灵是计算机逻辑的奠基者，许多人工智能的重要方法也源自于这位伟大的科学家

另一些学者，如 H. 德雷福斯等哲学家肯定地认为以图灵机为基础的数字计算机不能模拟人的智能。他们认为数字计算机只能做形式化的信息处理，而人的智能活动不一定能形式化，也不一定是信息处理，不能把人类智能看成是由离散、确定的、与环境局势无关的规则支配的运算。这一学派原则上不否认用接近于人脑的材料构成智能机的可能性，但这种广义的智能机不同于数字计算机。还有些学者认为无论什么机器都不可能模拟人的智能，但更多的学者相信大脑中大部分活动能用符号和计算来分析。必须指出，人们对于计算的理解在不断加深与拓宽。有些学者把可以实现的物理过程都看成计算过程。基因也可以看成开关，一个细胞的操作也能用计算加以解释，即所谓分子计算。从这种意义上讲，广义的智能计算机与智能机器或智能机范畴几乎一样。

115

▶ 数字计算机、模拟计算机和混合接口

科
学
发
明
发
现
的
由
来

6. 超级计算机

超级计算机通常是指由数百数千甚至更多的处理器（机）组成的、能计算普通 PC 机和服务器不能完成的大型复杂课题的计算机。为了帮助大家更好地理解超级计算机的运算速度，我们把普通计算机的运算速度比作成人的走路速度，那么超级计算机就达到了火箭的速度。在这样的运算速度前提下，人们可以通过数值模拟来预测和解释以前无法实验的自然现象。

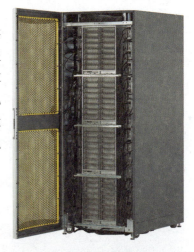

▶ 美国硅图公司的 **AltixICE** 8200 是第一套真正专为高性能计算应用以及大规模集群工作流设计的刀片式服务器

▲ **BlueGene/L** 系统是由 IBM 与能源部国家核安全局联合开发的超级计算机。用于监测美国的核武器库

🎓 **考考你** ▶ 人类对于计算机的研究探索是从什么时候开始的？

六、计算机大事年表

1614 年，苏格兰人约翰·纳皮尔发表了一篇论文，其中提到他发明了一种可以进行四则运算和方根运算的精巧装置。

1642 年—1643 年，帕斯卡为了帮助做收税员的父亲，他发明了一个用齿轮运作的加法器，这是第一部机械加法器。

1673 年，莱布尼茨制造了一部踏式圆柱形转轮的计算机，这部计算机可以把重复的数字相乘，并自动地加入加法器里。

1694 年，莱布尼茨把帕斯卡的加法器改良，制造了一部可以计算乘除的机器，它仍然是用齿轮及刻度盘操作。

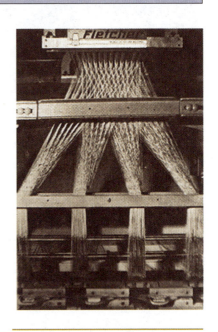

▲ 莱布尼茨制造的可以计算乘除的机器

1775 年，第三代斯坦伯爵发明了一部与莱布尼茨的发明相似的乘法计算机。

1786 年，穆勒设计了一部差分机，可惜没有拨款去制造。

◀ 1773 年，菲利普·马特乌斯制造及卖出了少量精确至 12 位的计算机器

▶ 1614年苏格兰人约翰·纳皮尔发明计算装置

▲ 1801 年，约瑟夫·玛丽制造的织布机是用连接按序的穿孔卡控制编织的样式

1854 年，乔治·布尔出版《思维规律研究》，讲述符号及逻辑理由，它后来成为计算机设计的基本概念。

1889 年，赫尔曼·霍列瑞斯的电动制表机在比赛中有出色的表现，并被用于 1890 年的人口普查。赫尔曼·霍列瑞斯采用了提花织布机的概念用来计算，他用穿孔卡片储存资料，然后输入机器内编译结果。这机器使本来需要 10 年时间才能得到的人口普查结果，在短短 6 星期内做到。

1893 年，第一部四功能计算器被发明。

1896 年，霍列瑞斯成立制表机器公司。

1901 年，打孔键出现，之后的半个世纪只有很少的改变。

1904 年，约翰·弗莱明取得真空

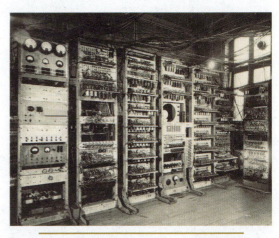

▲ 1896 年，霍列瑞斯成立制表机器公司

二极管的专利权，为无线电通讯建立了基础。

1908 年，英国科学家坎贝尔·斯温顿阐述了电子扫描方法及预示用阴极射线管制造电视。

1911 年，霍列瑞斯的制表机器公司与其他两家公司合并，组成制表及录制公司。但在 1924 年，改名为 IBM。

▲ 约翰·弗莱明

🎓 **考考你** ▶ 第一台使用真空管的电子计算机是谁发明的？

1911 年，荷兰物理学家卡默林·昂尼斯发现超导电。

1931 年，布什发明了一部可以解决差分程序的计数机，这机器可以解决一些令科学家头痛的复杂差分程序。

1935 年，IBM 引入 IBM 601，它是一部有算术部件及可在 1 秒钟内计算乘法的穿孔机器。它对科学及商业的计算起到很大的作用。总共制造了1500部。

▲ 1911 年，荷兰物理学家卡末林－昂内斯在莱顿发现超导性

▲ 1935 年，IBM 制造的 IBM 601 计算机

1937 年，阿兰·麦席森·图灵想出了一个"通用机器"的概念，可以执行任何的算法，形成了一个"可计算"的基本概念。阿兰·麦席森·图灵的概念比其他同类型的发明要好，因为他用了符号处理的概念。

1939 年 11 月，约翰·文森特与约翰·贝瑞开发出世界上第一台电子计算机。

1940 年 1 月，在贝尔实验室，塞缪尔·威廉斯与同事完成了一部可以计算复杂数字的机器，叫"复杂数字计数机"，后来改称为"断电器计数机 I 号"。

▲ 第一部电子计算机

▶ 莫奇里和艾克特

1940 年，楚泽终于完成计算机 Z2，它比计算机 V2 运作得更好，但不是太可靠。

1941 年夏季，阿塔纳索夫及贝瑞完成了一部专为解决联立线性方程系统的计算器，后来叫作 "ABC"，它有 60 个 50 位的存储器，以电容器的形式安装在两个旋转的鼓上，时钟频率是 60 赫兹。

▲ 计算机 Z2

1946 年，第一台电子数字积分计算器在美国建造完成。

1947 年，美国计算机协会成立。

1947 年，英国完成了第一个存储真空管。

1948 年，贝尔公司研制成半导体。

1949 年，英国建造完成延迟存储电子自动计算器（EDSAC）。

1952 年，第一台储存程序计算机诞生。

▲ 1941 年，阿塔纳索夫和贝瑞完成了名叫 "ABC" 的计算机

1952 年，第一台符号语言翻译机发明成功。

1954 年，第一台半导体计算机由贝尔公司研制成功。

▲ 1952 年，第一台大型计算机系统 IBM 701 宣布建造完成

🎓 考考你 ▶ 第一台半导体计算机由哪家公司于1954年研制成功？

▲ 1954 年，第一台通用数据处理机 IBM 650 诞生

1955 年，第一台利用磁心的大型计算机 IBM 705 建造完成。

1957 年，程序设计语言 FORTRAN 问世。

1959 年，第一台小型科学计算器 IBM 620 研制成功。

1960 年，数据处理系统 IBM 1401 研制成功。

1961 年，程序设计语言 COBOL 问世。

1961 年，第一台分系统计算机由麻省理工学院设计完成。

1963 年，BASIC 语言问世。

1965 年，美国数字设备公司推出第一台小型机 PDP-8。

1969 年，IBM 研制成功 90 列卡片机。

1970 年，IBM 1370 计算机系列制成。

1971 年，伊利诺伊大学设计完成伊利阿克Ⅳ巨型计算机。

1971 年，第一台微处理机 4004 由英特尔公司研制成功。

1972 年，微处理机基片开始大量生产销售。

1973 年，第一片软磁盘由 IBM 研制成功。

▲ 1956 年，IBM 推出科学 704 计算机

▲ 1964 年，第三代计算机 IBM 360 系列制成

121

1975 年，ATARI-8800 微电脑问世。

1977 年，柯莫道尔公司宣称全组合微电脑 PET-2001 研制成功。

1977 年，TRS-80 微电脑诞生。

1977 年，苹果-Ⅱ型微电脑诞生。

1978 年，超大规模集成电路开始应用。

1978 年，磁盘存储器第二次用于商用计算机。

▲ 1977 年，柯莫道尔公司研制成功的全组合微电脑 PET-2001

▲ 1984 年 1 月 24 日，Macintosh 正式问世，开创了图形界面的先河。高速的小机器有一台内置黑白显示器，配备一个敏捷的处理器

1979 年，夏普公司宣布制成第一台手提式微电脑。

1982 年，微电脑开始普及，大量进入学校和家庭。

1984 年，日本计算机产业着手研制"第五代计算机"——具有人工智能的计算机。DNS 域名服务器发布，互联网上有 1000 多台主机运行。

1984 年，惠普发布了优异的激光打印机。

1984 年 1 月，苹果公司的 Macintosh 发布，基于 Motorola 68000 微处理器，可以寻址 16 兆字节内存。

1984 年 8 月，MS-DOS 3.0、PC-DOS 3.0、IBM AT 发布，采用 ISA 标准，支持大硬盘和 1.2 兆字节内存高密软驱。

考考你 ▶ 第一台手提式微电脑是夏普公司在哪一年制成的？

1984 年 9 月，苹果公司发布了有 512 千字节内存的 Macintosh，但其他方面没有什么提高。

1984 年底，康柏公司开始开发 IDE 接口，可以以更快的速度传输数据，并被许多同行采纳，后来更进一步的 EIDE 推出，可以支持到 528 兆字节的驱动器。数据传输也更快。

1985 年，飞利浦和索尼合作推出 CD-ROM 驱动器。

1985 年，EGA 标准推出。

1985 年 3 月，MS-DOS 3.1、PC-DOS 3.1 发布。这是第一个提供部分网络功能支持的 DOS 版本。

▲ 苹果公司制造的 512 千字节内存的 Macintosh

1985 年 10 月 17 日，80386 DX 推出。时钟频率达到 33 兆赫，可寻址 1 千兆字节内存。比 286 有更多的指令。每秒 600 万条指令，集成 275000 个晶体管。

1985 年 11 月，Microsoft Windows 发布。但在其 3.0 版本之前并没有得到广泛的应用。需要 DOS 的支持，类似苹果机的操作界面，以致被苹果公司控告。诉讼到 1997 年 8 月才终止。

▲ 1985 年生产的 80386 微处理器

1985 年 12 月，MS-DOS 3.2、PC-DOS 3.2 发布。这是第一个支持 3.5 英寸磁盘的系统。但也只是支持到 720 千字节。到 3.3 版本时方可支持 1.44 兆字节。

1986 年 1 月，苹果公司发布较高性能的 Macintosh。有 4 兆字节内存和 SCSI 适配器。

▶ 1979年

关 键 词 ● 声卡驱动 audio drive

1986 年 9 月，英国 AMSTRAD 公司发布便宜且功能强大的计算机 Amstrad PC 1512。具有 CGA 图形适配器、512 千字节内存、8086 处理器、20 兆字节硬盘驱动器。采用了鼠标和图形用户界面，面向家庭设计。

1987 年，Connection Machine 超级计算机发布。采用并行处理，每秒钟 2 亿次运算。

1987 年，Microsoft Windows 2.0 发布，比第一版要成功，但并没有多大提高。

1987 年，英国数学家迈克尔·巴恩斯利找到图形压缩的方法。

▲ 1987 年，**Connection Machine** 超级计算机发布

1987年，Macintosh II 发布，基于 Motorola 68020 处理器，频率 16 兆赫，每秒 260 万条指令，有一个 SCSI 适配器和一个彩色适配器。

1987 年 4 月 2 日，IBM 推出 PS/2 系统。最初基于 8086 处理器和老的 XT 总线。后来过渡到 80386，开始使用 3.5 英寸（1 英寸 =2.54 厘米）1.44 兆赫软盘驱动器。引进了微通道技术，这一系列机型取得了巨大成功。出货量达到 200 万台。

1987 年，IBM 发布 VGA 技术。

1987 年，IBM 发布自己设计的微处理器 8514/A。

▲ 1987 年，苹果公司研制的 **Macintosh** II 发布

1987 年 4 月，MS-DOS 3.3、PC-DOS 3.3 随 IBM PS/2 一起发布，支持 1.44 兆字节驱动器和硬盘分区，可为硬盘分出多个逻辑驱动器。

1987 年 4 月，微软和 IBM 发布 S/2Warp 操作系统，但并未取得多大成功。

1987 年 10 月，DOS 3.31 发布。支持的硬盘分区大于 32 兆字节。

考考你 ▶ 光子计算机于哪一年投入开发？

从无线电通讯到电器应用

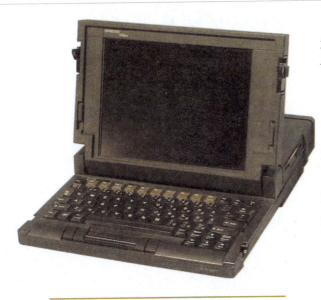

▲ 使用了英特尔 80386 **SX** 处理器的手提电脑

1988 年，光子计算机投入开发，用光子代替电子，可以提高计算机的处理速度。

1988 年，XMS 标准建立。

1988 年，EISA 标准建立。

1988 年 6 月 6 日，80386 SX 为了迎合低价电脑的需求而发布。

1988 年 7 月，PC-DOS 4.0、MS-DOS 4.0 发布，支持 EMS 内存。但因为存在漏洞，后来又陆续推出 4.01a。

1988 年

9 月，IBM PS/286 发布，基于 80286 处理器，没有使用其微通道总线。但其他机器继续使用这一总线。

1988 年 10 月，Macintosh Ⅱx 发布，基于 Motorola 68030 处理器，仍使用 16 兆赫主频、每秒 390 万条指令，支持 128 兆字节。

1988 年 11 月，MS-DOS 4.01、PC-DOS 4.01 发布。

1989 年，蒂姆创立 World Wide Web（万维网）雏形，他工作于欧洲物理粒子研究所。通过超文本链接，新手也可以轻松上网浏览。这大大促进了互联网的发展。

▲ 1988 年，苹果公司研制的 **Macintosh Ⅱ x** 发布

125

关 键 词 ⊙ 硬盘 hard disk

▲ 1989 年，苹果公司研制的 **Macintosh SE**/30 发布，处理器用的是新型 68030

1989 年，飞利浦和索尼发布 CD-I 标准。

1989 年 1 月，Macintosh SE/30 发布。基于新型 68030 处理器。

1989 年 3 月，E-IDE 标准确立，可以支持超过 528 兆字节的硬盘容量，可达到 33.3 兆字节／秒的传输速度，并被许多 CD-ROM 所采用。

1989 年 4 月 10 日，80486 D X 发布，集成 120 万个晶体管。其后继型号的时钟频率达到 100 兆赫。

1990 年，SVGA 标准确立。

1990 年 3 月，Macintosh Ⅱfx 发布，基于 68030 处理器，主频 40 兆赫，使用了更快的 SCSI 接口。

▲ 1990 年，苹果公司研制的 **Macintosh Ⅱ fx** 发布

1990 年 5 月 22 日，微软发布 Windows 3.0，兼容 MS-DOS 模式。

1990 年 11 月，第一代多媒体个人电脑标准发布。处理器至少 80286／12

▲ 1990 年，苹果公司研制的 **Macintosh Classic** 发布，有支持到 256 色的显示适配器

🎓 **考考你** ▶ DOS系统在哪一年停止开发？

兆赫，后来增加到80386SX/16兆赫。

1991年，发布ISA标准。

1991年6月，MS-DOS 5.0、PC-DOS 5.0发布。为了促进OS/2的发展，比尔·盖茨说，DOS 5.0是DOS终结者，今后将不再花精力于此。该版本突破了640千字节的基本内存限制。这个版本也标志着微软与IBM在DOS上合作的终结。

▲ MPC 2000 XL 多媒体个人电脑

▲ Windows NT 优化了管理虚拟内存，控制内存保护，物理内存与二级存储之间的分页调度，以及物理内存的分配，还能分析 PE 格式可执行程序，以便映射入或卸载这些程序

1992年，Windows NT 发布，可寻址2千兆字节内存。

1992年4月，Windows 3.1 发布。

1993年，Internet 开始商业化运行。

1993年，Novell 并购 Digital Research，DR-DOS 成为 Novell DOS。

1993年3月，Pentium 处理器发布，集成了300多万个晶体管。初期工作主频在60兆赫~66兆赫。每秒钟执行1亿条指令。

1993年5月，MPC 标准2发布。CD-ROM 传输率要求300千字节。在320×240像素的窗口中每秒播放15帧图像。

▲ Intel Pentium II 处理器

1993 年 12 月，MS-DOS6.0 发布，包括一个硬盘压缩程序 Double Space，但一家小公司声称，微软剽窃了其部分技术。于是在后来的 DOS 6.2 中，微软将其改名为 Drive Space。后来 Windows 95 中的 DOS 成为 DOS 7.0。

1994 年 3 月 7 日，

Intel 发布 90 兆赫～100 兆赫 Pentium 处理器。

1994 年 9 月，PC-DOS 6.3 发布。

1994 年 10 月 10 日，Intel 发布 75 兆赫 Pentium 处理器。

1994 年，Netscape 1.0 浏览器发布。

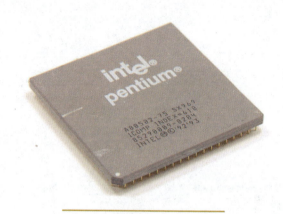

▲ Intel 75 兆赫 Pentium 处理器

▲ Intel Pentium Pro 处理器

1995 年 3 月 27 日，Intel 发布 120 兆赫的 Pentium 处理器。

1995 年 6 月 1 日，Intel 发布主频 133 兆赫的 Pentium 处理器。

1995 年 8 月 23 日，Windows 95 发布。大大不同于其以前的版本，完全脱离 MS-DOS，但照顾用户习惯还保留了 DOS 形式。纯 32 位的多任务操作系统。该版本取得了巨大的成功。

1995 年 11 月 1 日，Pentium Pro 发布。主频可达 200 兆赫，每秒钟完成 4.4 亿条指令，集成了 550 万个晶体管。

🎓 **考考你** ▶ Windows 95 是否已经完全脱离了 MS-DOS?

1995 年 12 月，Netscape 发布其 Java Script。

1996 年 1 月，Netscape Navigator 2.0 发布，第一个支持 Java Script 的浏览器。

1996 年 1 月 4 日，Intel 发布主频 150 兆赫～166 兆赫的 Pentium 处理器，集成了 330 万个晶体管。

1996 年，Windows 95 OSR2 发布，修复了部分漏洞，扩充了部分功能。

1997 年 1 月 8 日，Intel 发布 Pentium MMX，对游戏和多媒体功能进行了增强。

1997 年 4 月，IBM 的深蓝计算机战胜人类国际象棋世界冠军卡斯帕罗夫。

▶ Netscape Navigator 2.0 启动画面

▲ Windows 98 启动画面

1997 年 5 月 7 日，Intel 发布 Pentium Ⅱ，增加了更多的指令和更多缓存。

1997 年 6 月 2 日，Intel 发布主频 233 兆赫的 Pentium MMX。

1997 年 8 月 6 日，苹果公司遇到严重的财务危机，微软伸出援助之手，注资 1.5 亿美元。条件是苹果公司撤销其控诉：微软模仿其视窗界面的起诉，并指出苹果公司也模仿了 XEROX 的设计。

1998 年 2 月，Intel 发布主频 333 兆赫 Pentium Ⅱ 处理器。采用 0.25 微米技术，提高速度，减少发热量。

1998 年 6 月 25 日，微软发布 Windows 98，一些人企图肢解微软，微软回击说这会伤害美国的国家利益。

1999 年 1 月 25 日，Linux Kernel 2.2.0 发布。人们对其寄予厚望。

▶ 是

科学发明发现的由来

▲ AMD K6- Ⅲ 处理器

1999 年 2 月 22 日，AMD 公司发布 K6-Ⅲ 处理器、主频 400 兆赫。有测试说其性能超过 Intel Pentium Ⅲ。集成 2300 万个晶体管、socket 7 结构。

1999 年 2 月 26 日，Intel 公司推出了 Pentium Ⅲ 处理器，Pentium Ⅲ 采用了和 Pentium Ⅱ 相同的 Slot1 架构，并增加了拥有 70 条全新指令的 SSE 指令集，以增强 3D 和多媒体的处理能力。最初时钟频率在 450 兆赫以上，总线速度在 100 兆赫以上，采用 0.25 微米工艺制造，集成有 512 千字节或以上的二级缓存。

1999 年 4 月 26 日，台湾学生陈盈豪编写的 CIH 病毒在全球范围内暴发，100 万台左右的计算机软硬件遭到不同程度的破坏，直接经济损失达数十亿美元。

1999 年 6 月 23 日，AMD 公司推出了采用全新架构，名为 Athlon 的处理器，并且在 CPU 频率上第一次超越了 Intel 公司，从此拉开了精彩激烈的世纪末处理器主频速度大战。

1999 年 9 月 1 日，Nvidia 公司推出了 GeForce 256 显示芯片，并提出了 GPU 的全新概念。

1999 年 10 月 25 日，代号为 Coppermine 的 Pentium Ⅲ 处理器发布。采用 0.18 微米工艺，内部集成了 256 千字节全速 L2Cache，内建 2800 万个晶体管。

2000 年 2 月 17 日，美国微软公司正式发布 Windows 2000。

2000 年 3 月 16 日，AMD 公司正式推出了主频达到 1 千兆赫的 Athlon 处理器，从而掀开了千兆赫处理器大战。

2000 年 3 月 18 日，Intel 公司推出了自己的 1 千兆赫 Pentium Ⅲ处理器。同一天，资产高达 50 亿美元的铱星公司宣告破产，公司全面终止其铱星电话服务。五角大楼最终获得了铱星的使用权，但用途至今未知。

🎓 **考考你** ▶ 21世纪之初，美国微软公司正式发布什么系统？

2000 年 4 月 27 日，AMD 公司发布了"毒龙"（Duron）处理器，开始在低端市场向 Intel 发起冲击。

2000 年 5 月 14 日，名为"I LOVE YOU"的病毒在全球范围内发作，仅用 3 天的时间就造成全世界近 4500 万台电脑感染，经济损失高达 26 亿美元。

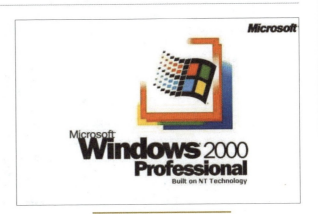

▲ Windows 2000 启动画面

▲ AMD Duron 处理器

2000 年 9 月 14 日，微软正式推出了面向家庭用户的 Windows 千禧年版本 Windows Me，同时这也是微软最后一个基于 DOS 的操作系统。

2000 年 11 月 12 日，微软宣布推出薄型个人电脑 Tablet PC。

2000 年 11 月 20 日，Intel 正式推出了 Pentium Ⅳ 处理器。该处理器采用全新的 Netburst 架构，总线频率达到了 400 兆赫，并且另外增加了 144 条全新指令，用于提高视频、音频等多媒体及 3D 图形处理能力。

2000 年 12 月 14 日，3dfx 宣布将全部资产出售给竞争对手 Nvidia，从而结束了自己传奇般的历史。

2001 年 3 月 26 日，苹果公司发布 Mac OS X 操作系统，这是苹果操作系统自 1984 年诞生以来首个重大的修正版本。

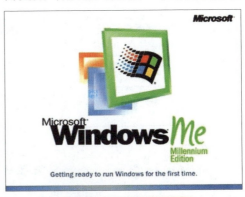

▲ Windows ME 启动画面

关 键 词 ● 微米 micron

2001 年 6 月 19 日，Intel 推出采用 Tualatin 内核的 P3 和赛扬处理器，这也是 Intel 首次采用 0.13 微米工艺。

2001 年 10 月 8 日，AMD 宣布推出 Athlon XP 系列处理器，新处理器采用了全新的核心，专业 3D Now！指令集和有机管脚阵列封装，而且采用了相对性能标示的命名规范。

2001 年 10 月 25 日，微软推出 Windows XP 操作系统，比尔·盖茨宣布："DOS 时代到此结束。"Windows XP 的发布，也推动了身处低潮的全球 PC 硬件市场。

▲ Pentium 4 处理器

▲ Mac OS X 操作系统截图

▲ Intel tualatin 处理器

2002 年 2 月 5 日，Nvidia 发布 GeForce 4 系列图形处理芯片，该系列共分为 Ti 和 Mx 两个系列，其中的 GeForce 4 Ti 4200 和 GeForce 4 MX 440 两款产品更是成为市场中生命力极强的典范。

2002 年 5 月 13 日，沉寂多时的老牌显示芯片制造厂商 Matrox 正式发布了 Parhelia-512 显示芯片，这也是世界上首款 512 bit GPU。

🎓 考考你 ▶ 哪款操作系统的推出宣布了DOS时代的结束？

▲ 使用 MX 440 显卡处理芯片的显卡

2002 年 7 月 17 日，ATI 发布了 Radeon 9700 显卡，该显卡采用了代号为 R300 的显示核心，并第一次毫无争议地将 Nvidia 赶下了 3D 性能霸主的宝座。

2002 年 11 月 18 日，Nvidia 发布了代号为 NV 30 的 GeForce FX 显卡，并在该产品上首次使用了 0.13 微米制造工艺，由于采用了多项超前技术，因此该显卡也被称为一款划时代的产品。

2003 年 1 月 7 日，Intel 发布全新移动处理规范"迅驰"。

▲ ATI Radeon 9700 显卡

2003 年 2 月 10 日，AMD 发布了 Barton 核心的 Athlon XP 处理器，虽然在推出后相当长的一段时间内得不到媒体的认可，但是凭借超高的性价比和优异的超频能力，最终 Barton 创造出了一个让所有 DIY 者无限怀念的 Barton 时代。

2003 年 2 月 12 日，FutureMark 正式发布 3DMARK 03，但是由此却引发了一场测试软件的信任危机。

▲ Barton 核心的 Athlon XP 处理器

▲ AMD Athlon XP 处理器

2004 年，Intel 全面转向 PCI-Express。

2005 年，Intel 开始推广双核 CPU。

2006 年，Intel 开始推广 4 核 CPU。

2007 年，Intel IDF 大会推出震惊世界的 2 万亿次 80 核 CPU。

2008 年，Intel 发布了英特尔酷睿 i7 处理器，最高可扩展至 8 核。

2009 年，Intel 的固态硬盘机产品已迈入 34 纳米制程技术的阶段。

2010 年，苹果 iPad 发布，本年成为平板电脑跃进年。

2014 年，Intel 正式发布采用 14 纳米工艺制造的酷睿 M 处理器。

声音记录仪

录音机问世至今，只有百余年的历史。世界上第一台磁性录音机是用钢丝做载音体。后来，人们试图把磁性物质涂在纸带或塑料带基上，并研制了录音磁带。随着晶体管的出现和现代电子工业的发展，盒式录音机出现了，并克服了盘式录音机体积笨重、成本高等缺点。录音机向多样化、小型化、多功能性的方向发展，并且已经普及到千家万户！

▲ 爱迪生发明的留声机

一、磁带式录音机

能够把声音保留下来的录音机，是在对磁性研究的基础上，以及电动机发明之后才实现的。磁带式录音机是1928年德国人弗勒默发明的。而最早能够把声音保留下来的装置，可以追溯到爱迪生发明的留声机。后来，这种留声机发展为我们今天使用的激光唱片机。

磁带式录音机的前身，是1898年丹麦人沃尔德曼·波尔森发明的录音电话机。波尔森通过对磁效应的研究，把声音记录在钢丝或塑料带上。这个原理是10年前，美国人史密斯首先提出来的。1888年，他在《留声机的可能性发展》一文中，建议使用涂有铁屑的布带来记录声音。

▲ 进行磁性录音和放音实验的史密斯

因为，声音本身就是一种振动，这种振动可以推动在磁铁中的感应线圈运动产生感应电流，声音的高低不同，产生的电流大小就不同。这个电流传到另一块电磁铁上，会使这块电磁铁产生强弱不同的磁性。它与钢丝或铁屑布带接触，就可以使钢丝或铁屑布带磁化。钢丝或铁屑布带是移动的，因而声音就可以被磁化在钢丝或铁屑布带上。而把声音再现是一个相反的过程。在1900年巴黎的万国博览会上，波尔森展示了他的录音电话机。德国人弗勒默看出了波尔森录音电话机的潜力，把这个装置独立出来，专门用来录制声音，而不仅仅作为电话的附属品。还有，他把铁磁粉（氧化铁）敷在纸带上作为磁带。1928年，发明了磁带式录音机。磁带靠一个同步电机带动，按照一定的速度转动。

录音机的发明

1888年，史密斯提出了用磁体记录声音改进留声机的设想，他设想把声音通过电流的变化转化成磁力并储存在钢丝上。但这种大胆的假设一直到1898年才由丹麦电话工程师沃尔德曼·波尔森发明的永磁钢丝录音机变成现实。

塑料发明以后，塑料代替了纸，出现了一部分是塑料带，一部分是纸带的磁带。以后，发展为全部为塑料带的磁带。录音机通常和收音机制作在一起，成为收录机。

考考你 ▶ 留声机的发明者是谁？

二、从留声机到激光唱片

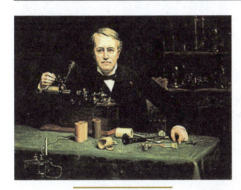

▲ 实验中的爱迪生

第一架**留声机**是爱迪生于 1877 年发明的，当时爱迪生正在研究把莫尔斯电码自动记录在纸上的机器，以便信号能自动地从一个电报局传到另一个电报局去。在实验中，他忽然想到，或许可以利用同样的方法记录下语言。于是，他在电话的传声器后面装了一根钢针，针尖顶着浸过石蜡的纸筒，纸筒可以用手摇动。

在传声器的上面加了一个喇叭，目的是把声音聚拢起来。向喇叭发出声音就会引起磁铁中线圈的振动，从而带动钢针在纸筒上留下深浅不等的凹痕。要放出声音，只要把钢针放到开始时的位置即可。

▲ 爱迪生留声机的内部构造

第二年，爱迪生用锡箔裹着的黄铜筒代替了纸筒，并创立了留声机公司，专门生产留声机。谈及这种留声机的用途，爱迪生说："它主要用于播放音乐，哄孩子入睡，告诉我们时间，并且保存伟大的声音。"在留声机问世之初，人们只把它当作玩物，爱迪生自己也担心这项发明不会有太大的用途。

爱迪生制造的留声机大部分租给了江湖艺人，他们用这个玩意儿招揽生意，从中赚钱。人们看到这个机器能录下和放出声音都很惊讶，纷纷前来观看。

◀ 爱迪生发明的唱片

▶ 爱迪生

关 键 词 🔵 唱片 record

留声机使爱迪生名扬天下，连美国总统也请他去做示范表演。城市的商场里大多安装了这种留声机，吸引公众掏钱听音乐或者政治家的简短演说。

不过，留声机播放出来的声音音质比较差，每个圆筒最多可以存一分钟多一点儿的声音。更糟糕的是，钢针很快就会把锡箔磨破，每播放三四次，就要更换新筒。

▲ 爱迪生牌蜡筒留声机

1886 年，电话发明者贝尔的堂弟——切斯特·贝尔和美国科学家泰特合作，发明了蜡筒留声机。他们用涂蜡的滚筒代替了锡箔筒，用蓝宝石针代替了钢针。蜡筒可以放两分多钟的声音，能多次使用，而且蜡的价格也比较低。

▲ 1887 年，旅美德国人伯利纳获得了一项留声机的专利，研制成功了圆片形唱片（也称碟形唱片）和平面式留声机

▼ 伯利纳研制的平面式留声机

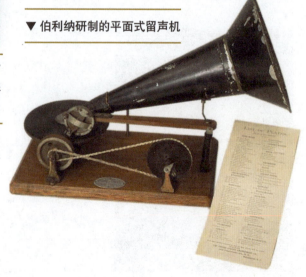

两年以后，从德国来美国的**伯利纳**发明了唱片，唱片由硫化橡胶制成。与现在唱机不同的是唱片旋转时，钢针沿纹路向外移动，而不是向里移动。

🎓 考考你 ▶ 圆片形唱片是谁发明的？

从无线电通讯到电器应用

▲ 伯利纳研制的圆片形唱片

1892 年，他又发明了唱片的复制方法。在此之前，要生产一批唱片，歌唱家必须把同一首歌反复唱好几遍才行。伯利纳使用镀镍的正负模片，两个组合在一起就可以把橡胶压制成唱片。

1925 年，麦克斯菲尔德在贝尔实验室发明了麦克风。有了麦克风，艺人就不用对着大喇叭歌唱了。麦克风可以把声音变成电信号，经三极管放大后，推动一个 V 形切割器在一个蜡制空白母片上刻上槽纹，再用这个蜡制母片复制出金属的正负模片，就可以大批量复制唱片了。

1933 年，英国科学家**布鲁莱恩**协助英国乐器公司发明了立体声录音技术。

就是把两个麦克风放在歌唱者的两边，把两个信号同时记录在唱片上，槽纹的内侧是左声道信号，外侧是右声道信号，唱针不但左右横移，而且随深度纵移。

▶ 布鲁莱恩

▶ 20 世纪，麦克风由最初通过电阻转换声电发展为电感器、电容器式转换，大量新的麦克风技术逐渐发展起来

第二次世界大战后，塑料发明，取代橡胶成了制造唱片的材料，唱片做得更细更密，从而降低了旋转速度，延长了播放时间。

139

▶ 伯利纳

科学发明发现的由来

立体声唱片

1958 年，**立体声唱片**开始普及。

1971 年，四声道立体声唱片诞生。

录制时，4 个麦克风放在演出者周围。播放时，分别输送到 4 个扬声器中。

20 世纪 80 年代，随着激光技术的应用，唱机和激光唱片诞生了。由于使用激光，唱针并不接触唱片表面，唱片会永不磨损。

激光唱片是用激光刻录方法记录音频信号的圆形薄片载音体。激光数字唱片又称致密唱片或小型唱片。激光录放音是 20 世纪 70 年代末期唱片向数字化方向发展的成果。激光数字唱片直径 120 毫米，单面录音，可播放 1 小时立体声节目，动态范围为 90 分贝。这种记录密度极高的声迹是由激光束按信号编码刻录的小坑和坑间平面组成的。它们分别代表二进制的 0 和 1。唱片在重放时，用激光束扫描拾取二进制数码，整个放音设备采用十分精密的伺服控制系统来保证循迹良好。激光唱片亦可擦除旧信号重新记录。由于激光唱片的记录密度大、重放音质好、体积小、易保存等优点，它正逐步取代普通唱片和磁带成为未来音频信号的主要载体。

聚乙烯做的慢转唱片几乎把音乐带进了每一个家庭。它们制作容易，而且凭借恰当的设备就能产生极好的声音。但慢转唱片也存在着许多问题。它们很可能会被划伤，发出令人不愉快的咔嗒声。如果唱机的转盘没有以均匀的速度旋转，声音就会不正常，并且稍有一点点灰尘也会发出噼啪声。

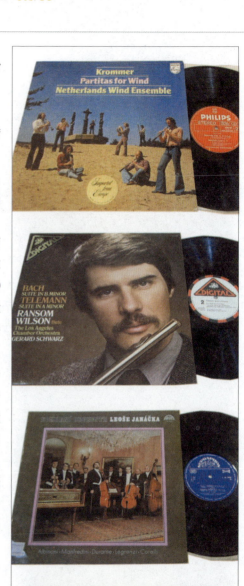

▶ 各种立体声唱片及唱片封面

140

当第一批**激光唱片**和激光唱机在 1979 年问世时，人们为之感到惊讶。没有来自灰尘或划伤的噪声，这就提供了一种"纯净"声音，远远胜过慢转唱片放给多数人听的那种声音。与慢转唱片相比，激光唱片易被划破和磨损的情况要少得多。此外，长达 110 分钟的音乐可以装进单独一张唱片里。

▲ 激光唱片完全摆脱了传统唱片的制作和重播方式，为唱片开辟了一个全新的境界

随着技术的发展，激光唱片已经逐渐被淘汰了。网上的无线音乐、数字音乐等成为新的热点。

▲ 慢转唱片的声音比老式唱片好得多，而且放音时间也长得多

▲ 光盘只读存储器（CD-ROM）

141

▶ 激光刻录

传真机的技术与改进

传真与电报的作用相似。但是，利用编码方式进行通信的电报只能传送消息的内容，不能传送消息的形式。传真可通过通信线路或无线电装置发送印刷的、手绘的资料，并在接收端重新产生精确的复制件。

▲ 传真机可以把文件或画面发送到世界各地

一、亚历山大·贝恩发明传真机

英国的电气工程师亚历山大·贝恩（1810年—1877年）在1843年发明了传真机，传真机可以把文字和图片用电从一个地方传到另一个地方。

这个传真机与今天我们使用的传真机还有很大差距，但是它已经可以传输文字和图片了。

复制时，把需要传输的文字或图片印在导电的锡纸上，然后用一支从侧面驱动的扫描笔对文字或图片进行扫描，同时缓缓下移。当

▲ 1843年，英国电气工程师亚历山大·贝恩发明了传真机

扫描笔经过文字或图片时，由于不导电，电流会暂时中断，扫描摆锤通过导线和另一个完全一样的摆锤相连，后一个摆锤带动一支绘图笔在涂有亚铁氰化钾的纸上重复同样的运动，这就复制出了原来的文字或图片。

但由于摆锤运动不可能完全同步，画面传输很不稳定。

▲ 亚历山大·贝恩研制的传真机示意图

二、滚筒扫描式传真机的问世

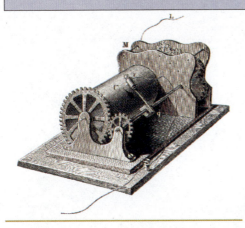

▲ 1848 年，贝克韦尔进一步发展了贝恩的传真技术，他最突出的贡献就是发明了滚筒扫描技术，这一技术直到今天仍在应用。图为贝克韦尔发明的滚筒扫描装置示意图

1848 年，英国人**贝克韦尔**改进了贝恩的传真技术，研制出滚筒扫描式传真机。

他把图片放在滚筒上，滚筒每转动一圈就发射一个电信号，使接收信号的滚筒同步转动，绘图笔就会画出相同的文字或图片。但贝克韦尔的实验并不成功。1862 年，意大利人乔万尼·卡塞利（1815 年—1891 年）在贝克韦尔发明的滚筒上，加上一个简单有效的同步装置，实验后，获得了成功。

▲ 贝克韦尔传真机模型

在 1865 年—1870 年间，法国邮电部采用卡塞利的发明，在马赛和巴黎之间传送图片。光电现象和光电管发明之后，就使用了把光信号变成电信号的方法。

▲ 卡塞利传真机结构示意图

1925 年，贝尔实验室的研究人员利用光电管和真空管，发明了今天我们所使用的传真机。传真机由两个滚筒、光电管、充有气体的灯（辉光灯）、棱镜和透镜组成。

先把要传输的文字或图片放在滚筒上，经过透镜和棱镜折射后传到光电管中，光信号就变成了电信号，传到另一端。电信号会使辉光灯产生或明或暗的灯光，这个灯光经透镜和棱镜折射后，照射在另一个滚筒上的感光纸上，感光纸便一行一行地逐点曝光，就得到和原来一样的文字或图片了。

◆ **考考你** ▶ 至今仍在使用的滚筒扫描技术是谁发明的？

三、现代传真技术

现代传真技术已由机械式扫描发展为电子扫描。电子扫描的原理是：发送机用聚光光点对发送稿从左至右、从上到下进行扫描，反射光的强弱由光电转换元件变成相应变化的电流，再经线路传至接收机，接收机收到信号后经放大器传至记录机，然后在记录纸上记下与原稿形式相同的图形或文字。

▲ 现代传真已由机械式扫描发展为电子扫描，可以把文件或画面发送到世界各地

>>>> 传真机种类 >>>>
传真机按照用途可以分为文件传真机、相片传真机、报纸传真机、气象传真机、信函传真机等。

▲ 激光多功能一体机凭借其强大高质的功能表现彻底改变了一体机在用户心目中的形象，以完美的表现领跑激光一体机市场

要使**接收图像**不失真，必须保证收发两方同步又同相。同步即发送和接收的速度要完全一致；同相即发送扫描点与接收记录点要同时到达相应位置。

▲ 包含了传真、打印、扫描以及复印功能的喷墨一体机

▶ 英国人贝克韦尔

进口 PM70 无线移动传真机

PM70 无线移动传真机是 21 世纪移动通信领域的又一高科技产品。它具有携带方便、移动性强的特点。技术稳定可靠、体积小巧，可广泛应用于交通运输、移动办公、商务旅行、公安侦破、消防救灾、抢险救援、新闻采访等行业和部门。

传真 可通过电话、广播、电视、微波、卫星等线路进行传输。传真机的种类也很多，常用的有可传送文件及手写文字、图表、资料的真迹传真机；传送有色调的照片、图片的相片传真机；传送整版报纸的报纸传真机；传送气象云图的气象传真机等。

▲ 多年来，HP（惠普）喷墨一体机以娱乐办公简约化为理念，全面整合打印、复印、传真、扫描等功能，不断优化其性能，全面满足了家庭、小型办公室、商务三大消费群体的多样化消费需求

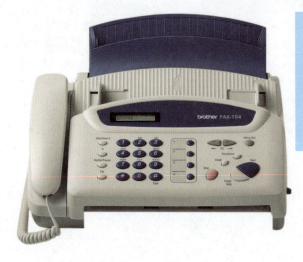

此外，传真在其他方面的应用不断扩大。例如，它已被应用在测绘、制图、制版、印刷等部门，它还可以纳入现代的数据通信网和电子计算机交换系统。

◄ 传真可通过电话、广播、电视、微波、卫星等线路进行传输

复印机的原理与进展

从 1938 年第一台能简单成像的静电复印机，到现在多功能的数码复合机。其中涉及光学、电子、微电子、化学、照相及机械等技术，主要经历了硫黄板原始复印、平板式复印、转鼓式复印 3 个阶段。由于它具有方便、准确、快速、价廉等特点，被人们广泛使用，现已成为科学、生产、办公、教学、书刊资料等部分不可缺少的重要办公工具。

▶ 复印机复印的速度快，操作简便，与传统的铅字印刷、蜡纸油印、胶印等的主要区别是无须经过其他制版等中间手段，而能直接从原稿获得复印品

科学发明发现的由来

一、从复写纸到油印机

在复印机发明以前，人们制作几份相同资料的方法就是一遍一遍地抄写，这很枯燥，而且相当浪费时间。为了解决这个问题，1806年，英国人韦奇伍德发明了复写纸。

那时，韦奇伍德正在伦敦经营一家文具商店。韦奇伍德经常用铅笔给他的固定客户写信，向他们介绍商店里新进的几种文具。这些信的内容几乎一样，他机械地写着，有些厌烦。"能不能同时写成两封、三封信呢？"看着后一张纸上留下的上一张纸的字痕，韦奇伍德脑中突然冒出了这个念头。

要实现这个念头似乎不很难，韦奇伍德很快就琢磨出了方法：将一张薄纸放在蓝墨水中浸润，然后夹在两张吸墨纸之间使之干燥。书写时，可将其衬在纸下，从而获得复制件。1806年，韦奇伍德获得了他的"复制信函文件装置"的专利权。

韦奇伍德的发明问世时，英国的商业活动已经很发达，复写纸大有用武之地。眼看他的发明大受欢迎，韦奇伍德干脆办了一家工厂，专门生产这种特殊纸张。后来，法国人改用甘油和松烟渗透进纸里的方法制造复写纸。大约到1815年，德国人再进行革新，以热甘油加上煤焦油中提炼的染料，经细磨调研，涂于有韧性的薄纸上制成新的复写纸。以后人们又在这种复写纸的涂料中加入蜡料，以降低黏度，这就是我们今天常用的复写纸了。

▲ 老式的英文复写纸打字机

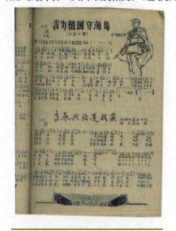

▲ 20世纪60年代，中国的学校用蜡纸誊写、印制的歌本

在此基础上，出现了一种**油印**技术，发明者是匈牙利人盖斯特纳。1881年，他在一张纸上涂上蜡，然后用铁笔在上面写上要写的文字。显然，铁笔写字时，就会把纸上的部分蜡画掉（这个过程又叫刻蜡版），再用滚筒刷上油墨，把纸放在蜡纸的下面，用滚筒一滚，就把文字印在下面的纸上了。

这个过程相当麻烦，需要刻蜡版，然后用油墨油印，如果资料内容比较多，就要刻许多蜡版。显然不是一件轻松的事。而且对于图纸、图像以及证件等，就很难复制。

能不能不用抄写，就能够把想要的资料复制呢？

🎓 考考你 ▶ 复印机的发明者是谁？

二、静电复印机

▲ 静电复印机的发明者美国人卡尔逊

今天，复印参考资料、文件、证件已是十分平常的事，复印机是当今办公智能化的标志。只要将文件放在复印机上，几秒钟就能得到与原件一模一样的复印件。这样美妙的机器是谁发明的呢？它的原理又是什么呢？

想想我们如今使用的习以为常的复印机，它的发明人不可不称为是高手。但卡尔逊绝对不能被认为是天才，他只不过是一个愿意把想法付诸实施的人，还有就是勤恳。其实这一切都只是源自一个想法。

▲ 1937 年 11 月 1 日，美国人卡尔逊发明干式静电复印机

▲ 1950 年，以硒作为光导体，用手工操作的第一台普通纸静电复印机问世

卡尔逊于 1930 年毕业于加利福尼亚大学，学的是物理学，毕业后，在贝尔实验室从事专利法工作，以后他又学习了法律，并且获得了博士学位。在担任专利法律师时，苦于对大量的图纸和说明书难以复制，他萌生了改进复制技术的想法。在进行了长达 3 年的研究以后，1938 年，他发明了复印机。

关键词 🟢 静电 static electricity

摩擦以后的物体会产生**静电**，带电的物体会吸引纸屑、头发等轻的物质，这早已为人们所知。卡尔逊的静电复印就是应用了这一现象。

早在 1771 年，有一位叫李森伯格的人发现树脂膜被摩擦以后，把尘土撒在上面，尘土会呈现星状图形，卡尔逊对此进行了研究。

他认为，既然静电可以吸引轻小物体，它就一定可以吸引墨粉。而现代物理学的研究发现，摩擦产生的静电被光照射以后就会消失。

卡尔逊利用这两个现象进行了复印实验。

▲ 1913 年出现的维多利亚复印机

▲ 卡尔逊

在自己家的地下室里，他摩擦一块涂有硫黄的板。这块板被摩擦以后就带了电，靠近墨粉时就吸引墨粉。而摩擦以后，再用光照射，它就不再吸引墨粉。要想使稿件上的字印在硫黄板上，程序应该是：先摩擦硫黄板，使它带电，然后用光通过原稿件照射这块带电板。这样，稿件上的有字处就会阻挡光线通过，无字处光线就能够通过，硫黄板上就留下了文字模样的静电。这一过程和照相中的曝光过程很相似。把一张白纸压在这块板上，墨粉就粘在了白纸上，再把这张白纸的墨粉加热固定，就形成了和原稿一模一样的文字。

大家都知道蚂蚁写字的原理，先根据字形涂上蜂蜜，然后蚂蚁会爬上去，从远处看，就像是字。

我们来看看复印机。它的主要部件是硒鼓。硒鼓上涂抹的硒能在黑暗中留住电荷，一遇光又能放走电荷。将要复印的字迹、符号、图表等通过光照到硒鼓上，就能将这些内容如同在石碑上先涂上蜂蜜一样"写"在硒鼓上。受光照而又无字的部分放走电荷，有字的部分留住了正电荷。当然如果"蚂蚁"不爬上去，是看不见这些字的。那"蚂蚁"又是谁呢？是墨粉，我们设法让带负电的墨粉吸到硒鼓的有字部分上。硒鼓转动时，让带正电的白纸通过，这样墨粉会被吸到纸上，经过高温或红外线照射，墨粉会熔化，渗入纸中。这样便形成牢固、耐久的字迹和图表。

🎓 考考你 ▶ 静电复印机运用了什么原理？

▲ 20世纪40年代的复印机

这样，就可以很方便地把文字或图形复印在另一张纸上。

现在，通常使用直接对物体加直流电的方法使物体带电，而不再使用摩擦起电。复印过程：对带电的绝缘体利用光的导电性，有选择地放电，从而产生静电潜像—吸引墨粉—印在纸上—把墨粉烘干。利用静电复印的原理又称为卡尔逊原理。

卡尔逊潜心研究，经过长时期的探索，成功地绘制出了复印机的设计图。但没有哪个企业肯帮助他进行一项他们闻所未闻的发明，卡尔逊只好在自己家中的厨房和浴室里进行研究。他白天上班，晚上废寝忘食地研究制造复印机。经常研究到第二天清晨，啃了啃冷面包又匆匆赶去上班。在最后阶段，精疲力尽的卡尔逊只能请了一名叫奥托·科尼的助手。科尼是一个勤奋的青年，他协助卡尔逊夜以继日地苦拼了3周，终于制出了第一台复印机，并完成了第一张复印图片。这张小小的仅5厘米见方的小图片印着"10-22-38ASTORIA"。这张小纸片今天成了价值连城的珍贵文物，它记载了一个伟大的历史日期。

卡尔逊成功发明出静电复印机，在这台复印机中，卡尔逊用一个鼓形感光体代替了硫黄板，它转动起来时和充电刷摩擦，其表面就带有静电。稿件输入经驱纸辊和鼓形感光体紧贴在一起，经光照射后，感光体就有了和稿件文件或图像相同的静电潜像。

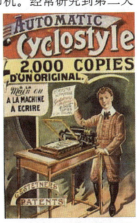

▲ 早期复印机的宣传画

1938年卡尔逊制作出第一台复印机，并申请了专利。

从发明静电复印机到正式投放市场，卡尔逊足足研制了12年。直到1949年，卡尔逊所在的哈格德公司生产出了静电复印机。哈格德公司就是今天以复印机而闻名世界的施乐公司的前身。施乐公司的英文名称Xerox正是静电复印Xerography中开始的几个字母。

使复印机获得发展的是卡尔逊的接班人——鲍勃·冈拉克，按卡尔逊设计并制出的第一批平板复印机是笨重的，复印一张复印件需要花费4分钟，在印制精密的图形时，由于扫描粗糙，复印品常常让人无法辨认。那时一些企业都宁可雇用打字的女秘书也不肯购买价格昂贵的复印机。卡尔逊是施乐公司的总设计师，他当然为产品打不开销路而烦恼不已。

▶ 物体摩擦产生静电，在光照之后，静电消失

一天，他走进车间，看到一个年轻人正滔滔不绝地告诉周围的工人，如何使用经他改进的一个复印装置。卡尔逊没有惊动大家，悄悄走到一边凝神静听了很久，他微笑起来，多么美好的设计啊。他当即夸奖说："你是一个发明家。"他亲切地问了年轻人的姓名，知道他是刚进公司的大学生——鲍勃·冈拉克。

卡尔逊的鼓励增强了冈拉克的自信心。在此后的岁月里，冈拉克仅在静电复印机技术上就有过133项发明和改进。他的发明中最重要的是提高了复印速度，冈拉克从原来每4分钟印1张发展至可以在一分钟内印上150张。冈拉克主要是使复印机简单化。他认为"简单化是成功的关键"！冈拉克革除了复印机中不必要的部分，使复印机可放在书桌上却又能印出宽幅的文件。

卡尔逊年事已高，他向董事会推荐了当时仅25岁的冈拉克。鲍勃·冈拉克替代了卡尔逊，成了施乐公司的首席研究人员。由于冈拉克的努力，施乐公司的复印机成了世界上销路最广、应用最多的复印机。施乐几乎成了复印机的代名词。

▲ 对于众多美国人来说，施乐是一个神话，而且是一个延续了70年的神话。施乐公司的崛起凭借的是20世纪最伟大的发明之一——复印机

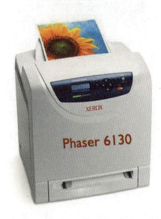
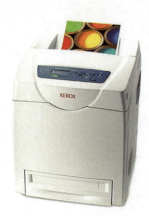

Phaser 6130

▲ 形形色色的彩色复印机

经过几代人的努力，复印机又进入了一个新时代。现代最新科学技术成果在复印机上得到应用。集成电路板块代替了复杂的晶体管线路；**激光技术**使复印更清晰精细；现代摄影、化学的最新技术使复印发展到近乎完美的地步。

20世纪80年代出现了全色复印机，复印出的图画与最美丽的彩色照片无异。复印机已不仅仅是办公用具，它在生产建设、科学研究中都发挥着越来越大的作用。它改变了人类的生活。

录像机的出现 与 用途

磁带式录像机的工作原理与磁带式录音机大致相同，都是通过电磁转换把声音信号或图像信号记录到磁带上去，并利用磁头去磁化磁带，把所记录的信号以剩磁的形式储存在磁带上。在录像机和录像磁带发明以前，电视的播放只能是把声音录在磁带上，进行剪接编辑后，与电影胶片上的图像同步。

◀ 录像机

录像机就是记录电视图像及伴音，能存储电视节目视频信号，并且以后可把它们重新送到电视发射机或直接送到电视机中的磁带记录器。

一、磁带式录像机

磁带式录像机

是 20 世纪 50 年代中期英国广播公司研制成功的，而最早能够把图像保留下来的装置是英国人劳奇·巴耶特 1926 年发明的唱盘式录像机。

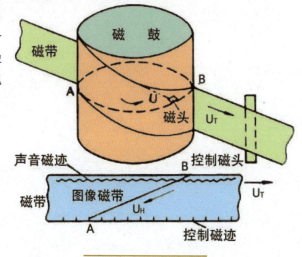

▲ 磁带式录像机原理图

▲ 波尔森

丹麦发明家。1869 年 11 月 23 日生于哥本哈根，1942 年 7 月卒于哥本哈根。波尔森是第一个使声音有控制地把变化着的磁场强加到一段钢丝上的这一想法成为现实的人。

1928 年，他开始实验性地生产这种录像唱片，并进行公开销售。正当人们对此感到好奇时，旅居英国的苏联科学家日乔鲁夫提出，丹麦人波尔森发明的钢丝录音机不仅可以录音，也可以记录图像。自此，磁带式录像机的研制取代了唱盘式录像机。

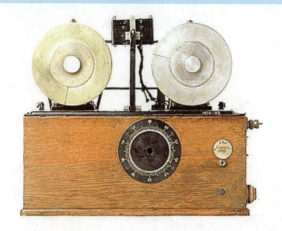

▶ 1903 年，波尔森研制的钢丝录音机

🎓 考考你 ▶ 世界上第一台实用的录像机是哪家公司发明的？

1956 年 4 月，美国的安培公司率先研制出了世界上第一台实用的磁带式录像机，有 4 个磁头，磁盘转速每秒 250 转，使用调频法录像，这台机器比一辆小汽车还要大。这种录像机采用了旋转磁头和宽度为 50 毫米的录像磁带，磁带移动的速度每秒为 380 毫米，录制节目共有 3 个轨道，其中两个轨道用于录制图像信号，一个轨道用于录制声音信号。

▲ 1959 年，美国总统尼克松与当时苏联共产党第一书记赫鲁晓夫之间进行的"厨房辩论"

1958 年初，该系统在美国最大的电视演播室投入使用。从此，电视节目只能来源于电影式现场直播的被动局面结束。各国的电视台也纷纷地采用了这种办法，安培公司因此而闻名于世。

录像机 在 1959 年之前还鲜为人知，直到 1959 年，美国总统尼克松访问苏联，在美苏两国首脑会谈时，尼克松与当时苏联共产党第一书记赫鲁晓夫之间进行了一场著名的"厨房辩论"。美国的技术人员在对方不知不觉的情况下对这个唇枪舌剑的场面做了世界上第一个新闻录像。几分钟之后，当赫鲁晓夫看到重放的录像时不禁大吃一惊。

▲ 磁带是一种用于记录声音、图像、数字或其他信号的载有磁层的带状材料，是产量最大和用途最广的一种磁记录材料

▲ 高清晰度数字磁带录像机

那录像磁带随即被装入手提箱运回美国，并通过电视迅速向全国播放，尼克松和赫鲁晓夫成了世界上最早的两位录像明星。从此以后，录像机引起了公众的兴趣和注意。

日本人抓住机会，成为生产录像机的大国，其次是德国。录像机的发明为电视片和科教片的保留带来方便，也使人们的生活更加丰富多彩。

155

二、"U"制式的录像机

20世纪70年代初，日本的东芝、索尼等公司联手，共同研究出了一种"U"制式录像机，把磁带的宽度降低到19毫米，并开始使用盒式录像带，从而使录像机向简单化、小型化的方向迈出了重要的一步。到了20世纪70年代中期，使用25毫米磁带的录像机逐渐地取代了使用50毫米磁带的录像机，作为专业用的高级录像机被各国电视台广泛应用。各生产厂家为了维护自己的市场，在录像机的走带速度、录像方式等方面，分别采用了不同的规格，使各厂生产的录像机和节目带无法互相通用。后经美国广播公司提请国际组织出面调停，制订了国际通行的录像机生产方案，但欧洲的一些生产厂家却拒绝执行。

小型化的**家用录像机**出现于20世纪70年代初，是荷兰飞利浦公司推出的。这种录像机使用的磁带盒为正方形，带宽只有12毫米左右，销路极佳。日本索尼公司紧随其后，对自己生产的"U"制式录像机加以改进，也制成了一种家用录像机，命名为"BETA"规格，带宽也为12毫米左右，但磁带盒为长方形。与此同时，日本胜利公司也推出了另一种"VHS"规格的家用录像机，磁带宽度与飞利浦和索尼相同，但带盒要稍大一些。随后，各厂家在录像带的录放时间上进行了激烈的竞争，以力保和拓展自己的市场。进入20世纪80年代，以索尼为首的"BETA"集团联合研制，率先推出了一种集摄、录、放为一体的新型录像机，从而又为录像机家族增加了一个新品种。

近年来，随着电视技术的迅速发展，新一代的数字式录像机、高清晰度录像机、激光视盘等均已相继问世，普及也许只是一个时间问题。

▲ 松下 AJ-HD1700MC 是 DVCPRO HD 系列的顶级演播室编辑录像机，可以满足高清晰度电视制作的种种需求

▲ 索尼 HDW-D1800/1800 高清数字录像机

考考你 ▶ "BETA"规格的家用录像机是哪家公司生产的？

三、数字录像机

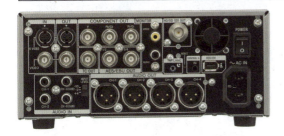

▲ HVR-M35C 高清 HDV 数字录像机

数字式录像机是指录像机的图像处理及信号的记录全部使用数字信号完成的录像机。此种录像机的最大的特征是磁带上记录的信号为数字信号，而非模拟信号。

数字录像机摄取的图像信号经电荷耦合元件转化为电信号后，马上经电路进行数字化，以后在记录到磁带之前的所有处理全部为数字处理，最后将处理完的数字信号直接记录到磁带上。由于采用了数字电路，因此数字录像机具有以下特点：

（1）图像质量佳：数字信号的使用可以将电路部分引入噪声的影响忽略不计。同时由于数字记录的特点，磁带的本底噪声对重放的图像信号的影响几乎没有，因此重放图像清晰干净，质量极佳。

（2）在记录过程中采用纠错编码，使

〉〉〉〉 家庭中最复杂的电器 〉〉〉〉

录像机是家用电器中结构最精密、最复杂的。例如，在装配录像机的心脏即鼓形盘时，其误差不能超过一根头发丝的宽度。现在的磁带式录像机，机内共有 2500 个分立元件，5500 多个接线端，其中包括 30 块集成电路，整个机器所用的元件相当于 4 万个晶体管。如果不用集成电路的话，需要 4 平方米的普通印刷线路板才行。相比之下，彩色电视机就简单多了，它只有 350 个组件。在放彩色电视节目的时候，如果走带速度以每秒 2 厘米计，它的信息量就相当于 200 台录音机或者 1000 部电话同时工作时的总信息量。难怪有人把录像机称为"家庭中最复杂的电器"。

▲ 轻薄数字式录像机

▶ 索尼公司

得重放时磁带的信号失落可以得到有效补偿，画面失落少。

（3）记录密度高，机器体积小：数字记录能有效减小记录磁迹的宽度，提高磁带的记录密度。现在使用的摄像机，如松下 AJ−HDC27HMC 具有 300 万像素，采用 3CCD 的传感器类型，带速为 135.28 毫米／秒，采用 USB 接口和锂电池。

（4）可靠性高：数字电路的高度一致性以及数字信号对电路性能离散性的低敏感，使得数字录像机里使用机械

▲ DVM60 磁带

方式进行调整的电路部分几乎为零，大大提高了机器的可靠性，延长了机器的使用寿命。

（5）低使用成本：由于数字录像机走带张力很小，对磁头及磁带的磨损也相应地减小，作为最贵重元

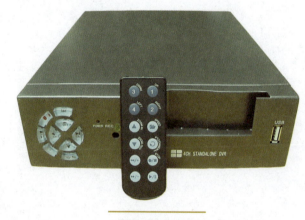

▲ 数字硬盘录像机

件之一的磁鼓的使用寿命大大延长，使得维修费用相应地降低，从而降低使用成本。

（6）完美的录音音质：数字录像机的音频部分采用数字 PCM 方式记录到磁带上，具有极高的保真度，在 16 比特记录时其音质可以达到 CD 母盘的质量。

▲ 现在标准的摄像机使用的 MiniDV 磁带

洗衣机的发展历程与趋势

从古到今，洗衣服都是一项难于逃避的家务劳动，而在洗衣机出现以前，对于许多人而言，它并不像田园诗描绘的那样充满乐趣，手搓、棒击、冲刷、摔打……这些不断重复的简单的体力劳动，留给人的感受常常是辛苦劳累。

洗衣机是利用电能产生机械作用来洗涤衣物的清洁电器。按其额定洗涤容量分为家用和集体用两类。家用洗衣机主要由箱体、洗涤脱水筒（有的洗涤和脱水分开）、传动和控制系统等组成，有的还装有加热装置。

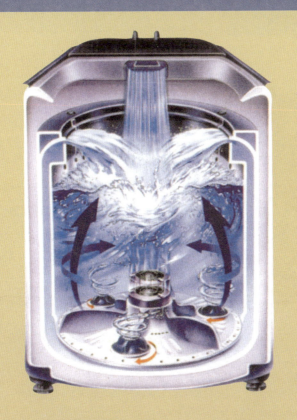

◀ 洗衣机中的水流走向

一、汉密尔顿·史密斯的发明

1858 年，一个叫汉密尔顿·史密斯的美国人在匹兹堡制成了世界上第一台洗衣机。该洗衣机的主件是一只圆筒，筒内装有一根带有桨状叶子的直轴。轴是通过摇动和它相连的曲柄转动的。同年史密斯取得了这台洗衣机的专利权。但这台洗衣机使用费力，且损伤衣服，因而没被广泛使用，但这却标志了用机器洗衣的开端。次年在德国出现了一种用捣衣杵作为搅拌器的洗衣机，当捣衣杵上下运动时，装有弹簧的木钉便连续作用于衣服。

▲ 第一台洗衣机的发明，标志着用机器洗衣的开端。图为第一台洗衣机的草图

▲ 木制手摇洗衣机

19 世纪末期的**洗衣机**已发展为一只用手柄传动的八角形洗衣缸，洗衣时缸内放入热肥皂水，衣服洗净后，由轧液装置把衣服挤干。

1874 年，"手洗时代"受到了前所未有的挑战，美国人比尔·布莱克斯发明了木制手摇洗衣机。布莱克斯的洗衣机构造极为简单，是在木桶里装上 6 块叶片，用手柄和齿轮传动，使衣服在桶内翻转，从而达到"净衣"的目的。这套装置的问世，让那些为提高生活效率而冥思苦想的人士大受启发，洗衣机的改进过程开始大大加快。

🎓 **考考你** ▶ 蒸汽洗衣机清洁衣物的原理是什么？

二、蒸汽洗衣机的出现

▲ LG 蒸汽洗衣机 WD-12479RD

1880 年，美国又出现了蒸汽洗衣机，蒸汽动力开始取代人力。经历了上百年的发展改进，现代蒸汽洗衣机较早期有了无与伦比的提高，但原理是相同的。现代蒸汽洗衣机的功能包括蒸汽洗涤和蒸汽烘干，采用了智能水循环系统，可使用高浓度洗涤液与高温蒸汽同时对衣物进行双重喷淋，贯穿全部洗涤过程，实现了全球独创性的"蒸汽洗"全新洗涤方式。与普通滚筒洗衣机在洗涤时需要加热整个滚筒的水不同，蒸汽洗涤是以深层清洁衣物为目的，当少量的水进入蒸汽发生盒并转化为蒸汽后，通过高温喷射分解衣物污渍。

蒸汽洗涤 快速、彻底，只需要少量的水，同时可节约时间。对于放在衣柜很长时间后产生褶皱、异味的冬季衣物，能让其自然舒展，抚平褶皱。"蒸汽烘干"的工作原理则是把蒸汽喷洒在衣物上，将衣物舒展开之后，再进行恒温冷凝式烘干。通过这种方式，厚重衣物不仅干得更快，并且具有舒展和熨烫的效果。

▲ 高智能蒸汽洗衣机可将衣服上的顽固污渍彻底清除

▶ 高温喷射分解污渍

关　键　词 ◯ 内燃机 internal combustion engine

三、多功能洗衣机

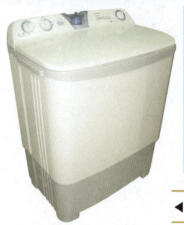

蒸汽洗衣机之后，水力洗衣机、内燃机洗衣机也相继出现。水力洗衣机包括洗衣筒、动力源和连接件，洗衣机上设有进、出水孔，洗衣机外壳上设有动力源，洗衣筒上设有衣物进口孔，其进口上设有密封盖，洗衣机通过连接件与船相连。它无须任何电力，只需自然的河流水力就能洗涤衣物，解脱了船民在船上洗涤衣物的烦恼，节约了时间，减轻了家务劳动的强度。

◀ 水力洗衣机

>>>> 波轮式洗衣机 >>>>

洗衣特点：微电脑控制洗衣及甩干功能、省时省力。缺点：耗电、耗水、衣物易缠绕、清洁性不佳。适合洗涤衣物：除需要特别洗涤之外的所有衣物。波轮式洗衣机流行于日本、中国、东南亚等地。

▲ 滚筒式自动洗衣机

▲ 多功能波轮式洗衣机

>>>> 滚筒式洗衣机 >>>>

洗衣特点：微电脑控制所有功能，衣物无缠绕。最不会损坏衣物的方式。缺点：耗时，时间是普通洗衣机的几倍，而且一旦关上门，洗衣过程中无法打开，洁净力不强。适合洗涤衣物：羊毛、羊绒以及丝绸、纯毛类织物。流行于欧洲、南美等主要穿毛、棉衣的地区，几乎100%的家庭使用的都是滚筒式洗衣机。

🎓 考考你 ▶ 人类家务劳动自动化的开端是以什么为标志的？

四、电动洗衣机

1910年，美国的阿尔凡·费希尔在芝加哥试制成功世界上第一台电动洗衣机。电动洗衣机的问世，标志着人类家务劳动自动化的开端。

1922年，美国玛塔依格公司改造了洗衣机的洗涤结构，把拖动式改为搅拌式，使洗衣机的结构固定下来，这也就是第一台搅拌式洗衣机的诞生。这种洗衣机是在筒中心装上一个立轴，在立轴下端装有搅拌翼，电动机带动立轴，进行周期性的正反摆动，使衣物和水流不断翻滚，相互摩擦，以此涤荡污垢。搅拌式洗衣机结构科学合理，受到人们的普遍欢迎。

1932年，美国本德克斯航空公司宣布，他们研制成功第一台前装式滚筒洗衣机，洗涤、漂洗、脱水在同一个滚筒内完成。这意味着电动洗衣机的发展跃上一个新台阶，朝自动化又前进了一大步！

▲ 首台电动洗衣机的发明

世界上第一台电动洗衣机是1910年问世的，由美国人阿尔凡·费希尔于芝加哥制成。它由一种小型发电机供电，利用一个转动的大筒，把衣服和肥皂放在里面。在搅拌器叶片的作用下，衣物在肥皂水中剧烈地前后翻滚。

▲ 前装式滚筒洗衣机

第一台 自动洗衣机于1937年问世。这是一种"前置"式自动洗衣机。靠一根水平的轴带动的缸可容纳4000克衣服。衣服在注满水的缸内不停地上下翻滚，从而实现去污除垢。到了20世纪40年代便出现了现代的"上置"式自动洗衣机。

▶ 电动洗衣机的问世

关 键 词 ● 自动化 automation

随着工业化的加速，世界各国也加快了洗衣机研制的步伐。首先由英国研制并推出了一种喷流式洗衣机，它是靠筒体一侧的运转波轮产生的强烈涡流，使衣物和洗涤液一起在筒内不断翻滚，洗净衣物。

1955 年，在引进英国喷流式洗衣机的基础之上，日本研制出独具风格并流行至今的波轮式洗衣机。至此，波轮式、滚筒式、搅拌式在洗衣机生产领域三分天下的局面初步形成。

20 世纪 60 年代，日本出现了带甩干的双筒洗衣机，人们称之为"半自动型洗衣机"。

▲ 7.4 千克双筒洗衣机

▲ 智能洗衣机

20 世纪 70 年代，生产出波轮式套筒全自动洗衣机。

20 世纪 70 年代后期，以电脑控制的全自动洗衣机在日本问世，开创了洗衣机发展史的新阶段。

20 世纪 80 年代，"模糊控制"的应用使得洗衣机操作更简便，功能更完备，洗衣程序更随人意，外观造型更为时尚……

20 世纪 90 年代，由于**电机调速技术**的提高，洗衣机实现了宽范围的转速变换与调节，诞生了许多新水流洗衣机。此后，随着电机驱动技术的发展与提高，日本生产出了电机直接驱动式洗衣机，省去了齿轮传动和变速机构，引发了洗衣机驱动方式的巨大革命。目前的新款三星洗衣机具有洗涤、脱水、烘干程序，电脑智能控制，具有断电记忆、自我诊断、过热保护、银离子抗菌、智能门锁等功能。

电冰箱的发展与普及

使用冰箱可以把食物保存得更长久些。
第一台家用的电冰箱，是 1923 年瑞典的工程师普拉腾和蒙特斯发明的。

◀ 电冰箱使你拥有
新鲜的食品

▲ 第一台家用电冰箱的发明者普
拉腾和蒙特斯

一、制冷机的出现

1626年，有位美国著名哲学家弗兰西斯·培根曾经做过这样一个试验，把鸡肉埋在雪里，在很长时间内鸡肉都不腐败变质。之后，一些科学家也做过同样的试验，从那时起人们已经知道，食物腐烂的原因是由于人眼看不见的微生物在作怪。对付它们的办法之一就是冷冻，因此用冰来冷藏食品是一个好办法。

在**电冰箱**发明之前，人们储存食物用的是真正的冰。他们在一个木柜里，放上冰块。冰块冬天从结冰的河里采来，储存到夏天拿出来用，食物直接放在冰上。

▲ 弗兰西斯·培根像

▲ 在电冰箱发明之前，人们储存食物用的是真正的冰

后来人们发现，食物（尤其是肉类）直接放在冰上会变色，于是就制造出有独立藏冰格的箱子。

当时最需要制冷的是远洋运输船，在运输鱼或肉类时，为了使这些货品不至于在运输过程中腐烂，就得给船舱降温，降温通常用的是冰和水。

火车在运输这些物品时也需要降温。

考考你 ▶ 压缩制冷机的运作原理是什么？

▲ 伊万斯是最早使用压缩制冷的人

尝试用压缩制冷的方法造冰。最早使用压缩制冷的是美国人伊万斯，1805 年，伊万斯在美国费城展出了他发明的通过压缩空气来制冷的机器。

1867 年，美国的一个鱼贩子戴维斯把冰块放到火车里发明了冷冻车。这种冷冻车是把冰块放在车顶部，上面有风扇，靠风扇把冰产生的冷气吹给车厢，从而达到降温的目的。

这种冷冻车是戴维斯为牧场主哈蒙德设计的，用这种冷冻车可以把牛肉运到 960 千米以外的芝加哥和 2300 千米以外的纽约。同样大小的车厢，运牛肉比运活牛的质量要多 3 倍，这会大大降低运输费用。这个发明，使哈蒙德能以较低的价格出售牛肉，从而击败了竞争对手。

在人类使用天然冰来储存食物的时候，有人在

▲ 冷冻车的出现，使赶牛到市场上的牛仔消失了

早在 18 世纪中期，人们就知道，空气被压缩后再膨胀会从周围吸收热量。伊万斯的发明利用的就是这个原理。他用泵吸入空气，随即进行压缩，最后使空气经由一个大的管道膨胀而制冷。伊万斯的好友泊金斯受他的启发，用乙醚代替了空气，制成了乙醚压缩制冷机。乙醚的沸点很低，只要稍稍加热或降低周围的气压，就会变成气体，从周围吸走大量的热。

▲ 泊金斯像

▶ 空气被压缩后再膨胀会从周围吸收热量

▲ 约翰·格里是第一个使用制冷机制成冰块的人

1819 年，泊金斯移居英国伦敦。1834 年，他在英国申请了专利。样机制造出来后并没有投入批量生产，因为当时伦敦还没有人需要人造冰。

第一个使用制冷机制成冰块并实际使用的是美国佛罗里达州的医生约翰·格里。格里是个医生，他制造冰块的目的是为了减轻病人的痛苦，有些高烧病人需要使用冰块降温，而在夏季，天然冰块是不能及时供应的。1844 年，他制成空气压缩制冷机。在一个直径 70 厘米的汽缸里，他用两个标准大气压对空气进行压缩。然后，把压缩空气通入到一个装有盐水的容器里膨胀，这样获得的冷盐水温度能达到 −7℃，可用于制造冰块。1850 年，他的发明在英国取得了专利权。但在美国，却引起了轩然大波。纽约的《世界报》上有这样一句话：

"在佛罗里达州有一个怪僻的家伙，竟敢与万能的上帝相比，声称自己能用机器制造冰块。"因此，直至 1851 年，他才在美国取得了专利。

人们开始认识到应用这样的技术能制冷。把泊金斯的机器重新制造并投入使用的是移居澳大利亚的苏格兰人哈里森。

1855 年，哈里森在澳大利亚取得了

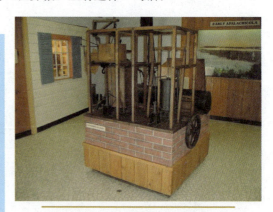
▲ 约翰·格里制成的空气压缩制冷机

乙醚制冷机的专利权，他制造出的制冷机在肉类冷冻加工厂里投入使用。以后，他创立了公司专门制造冰块，但到 1860 年，他就破产了。因为从美国运来的天然冰比他的人造冰便宜得多。1859 年，法国人卡雷发明了吸收式制冷机。

这种制冷机利用的是物质在从液态变成气态的过程中，从周围吸收能量，从而达到制冷的目的。氨在常温下就能从液体变成气体，同时，从周围吸走大量的热量。卡雷的制冷机使用的就是液态氨。不同于压缩制冷，氨制冷后会被另一种物质吸收。后来，人们根据卡雷的发明制造了一种小型家庭用制冷机，可以制出约 1 千克的冰块。

🎓 考考你 ▶ 第一个使用制冷机制成冰块并实际使用的人是谁？

1866 年，卡雷的弟弟埃德蒙多·卡雷，研制成功了搅动硫酸制冷的机器。但使用硫酸制冷并不是埃德蒙多·卡雷的发明，在 100 多年以前就有人使用硫酸。

1755 年，苏格兰人库仑，在真空罩下通过将乙醚蒸发得到一小块冰。

两年以后，另一位苏格兰人内恩在库仑的发明内添加硫酸，利用硫酸吸水性能，以加速制冰的速度。100 多年以后，埃德蒙多·卡雷利用硫酸在搅拌时吸收热量的特点制成了搅拌式制冷机。

1874 年，瑞士日内瓦的物理学教授皮克泰（1846 年—1929 年）使用二氧化硫（SO_2）制成了压缩制冷机。他将二氧化硫密封起来，成功地解决了二氧化硫接触水会产生腐蚀性硫酸的问题。

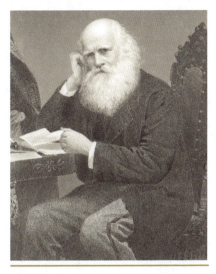

▲ 1755 年，苏格兰的化学教授库仑利用乙醚蒸发使水结冰

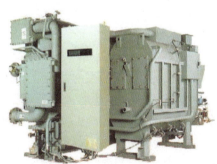

▲ G 型直燃溴化锂吸收式制冷机

1876 年

，伦敦建立的第一个人造滑冰场就装备了这样一台制冷机。

1872 年，从苏格兰移居美国的戴维·波义耳取得氨制冷压缩机的专利。

成功地使用这一装置，发明出氨压缩制冷机的是德国人林德，他使用蒸汽泵来压缩氨以达到制冷的目的。

1877 年，他制造的制冷机被慕尼黑一家啤酒店用于冷藏果汁和发酵桶。

此后，伦敦的许多啤酒厂安装了这种制冷机。

1883 年—1884 年，由于德国的气温非常高，造成冰块短缺。

因此，林德的制冷机大受欢迎。

▲ 氨压缩冷凝机组

二、电冰箱的发明

电动机的发明为电冰箱的制造创造了条件。

1905 年，法国人盖德发明了旋转式真空泵，用电动机带动转子转动把气体抽进和排出，从而达到压缩气体的目的，又叫压缩机。

1923 年，瑞典人普拉腾和蒙特斯，用电压缩机代替蒸汽泵制造出了电冰箱。

▲ 电动机的发明为电冰箱的制造创造了条件

▲ 法国人盖德发明的旋转式真空泵

他们把专利卖给了美国芝加哥的一家公司，这家公司购买到专利后，开始在美国生产家用电冰箱。

1930 年以前，冰箱使用的是有毒的制冷剂，如氨、硫酸、二氧化硫等，这样极不安全，而且效果不佳。经过研究发现氟利昂（化学名称二氟二氯甲烷 $CH_4F_2Cl_2$）更适合用作制冷剂。氟利昂无毒，无腐蚀性，不能燃烧，非常安全。更为重要的是，氟利昂在常温下就可以变成气体，制冷效果极好。因此，1930 年以后制造的电冰箱都使用氟利昂做制冷剂。

1956 年制成封闭式压缩机用于电冰箱。冰箱由箱体、制冷系统和控制系统组成：箱体由外壳、内胆、隔热材料和箱门构成，其功能是隔热，使箱内外空气隔绝，以保持箱内的低温；制冷系统是一个封闭的循环系统，运转时不断吸收箱内的热量，并将其转移、传递到箱外，以实现制冷；控制系统用于控制箱内温度，保证安全运转及自动除霜等。冰箱品种繁多，分类方法不一。按箱门多少分为单门、双门和多门冰箱；按循环方式分为直接冷却和间接冷却式冰箱；按制冷原理分为压缩式、吸收式和热电式冰箱；按储藏要求分为冷藏箱和冷藏冷冻箱。

🎓 **考考你** ▶ 20世纪30年代之后，电冰箱通常使用什么化学原料作为制冷剂？

在多能源冰箱的开发方面，国外在吸收式和吸附式冰箱技术上发展迅速，近几年来日本三洋公司在吸收式冰箱方面突破了一些技术难关，发展到耗电量可与压缩式冰箱相近的水平。目前全世界吸收式和吸附式冰箱的年产量约为150万台，瑞典和瑞士的产量最多，质量也最好。太阳能冰箱、半导体冰箱也是近年来较引人注目的新产品。

为了更科学地储存和保鲜食品，国外电冰箱还增加了快速冷冻和快速解冻的功能。快速冷冻是使冷冻室底面

▲ TCK 吸收式冰箱 XC-36-2

温度达 −40℃左右的低温，让食品迅速通过 −1℃ ～ −5℃ 冰结晶生成区，以防止营养成分的破坏，保持食品原有的鲜度；快速解冻是在冰箱内增设快速解冻室，通过解冻风扇，把冰箱冷藏室的空气吹入解冻室，使解冻室内的食品快速解冻，以适应短期保鲜贮存的需要。

电冰箱是家用电器中较耗电的，为此目前有关厂家及研究单位正在开发节电型的电冰箱。采用滚动转子式压缩机，不仅减小压缩机的体积，减轻质量，而且可以降低能耗。目前日本 100 瓦以上功率的滚动转子式压缩机已投入使用，用电量比同类冰箱节电 20%～25%；应用微机控制电冰箱可以节电 15%～20%；改进隔热层，将电冰箱隔热厚度增至 10 厘米，可节电 14%；应用新型绝热材料，使冰箱每月节电 2 度。应用上述各种新技术均可以达到节能之目的。

▲ 自动调温电冰箱给人们提供了更加新鲜的食品

▶ 氟利昂

三、电冰箱原理和结构

我们知道，物质从液态变成气态的过程叫汽化，而蒸发是发生在液体表面的汽化过程，这个过程，要从周围吸收热量。大多数物质要实现这一转变需要被加热，而有少量物质在常温下就能完成这个过程。加大压强后，气体就会重新变成液体，就要放出热量。电冰箱和空调机正是利用这一原理而设计的。空调机与电冰箱的不同之处在于，空调机是把放热过程移到了户外。

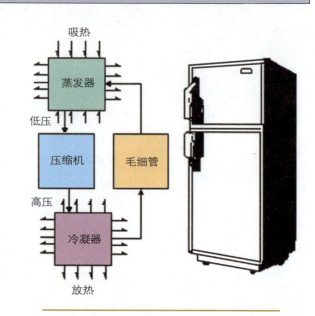

▲ 电冰箱就是利用液体蒸发吸热的原理制成的

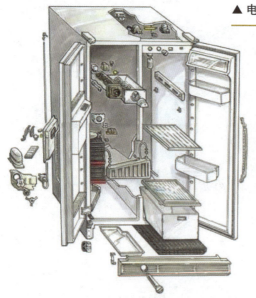

▲ 电冰箱剖析图

氟利昂电冰箱的原理是：电动压缩机把氟利昂气体压缩到细管子里（冷凝器），由于管子很细，压强增大，氟利昂气体变成液体，并向外散热。

液态氟利昂进到粗管子中以后，由于压强变小，就变成了气体，并从周围的空间吸收热量，使冷冻室的温度降低。当气体流出后又进入压缩机，再进入下一个循环。这样反复进行下去，就可以使冷冻室的温度降到很低。

🎓 考考你 ▶ 如何定义"绿色"冰箱？

▲ 直冷式四门单温电冰箱

间冷式电冰箱的蒸发器常用翅片管式，放置在冷冻室与冷藏室之间的夹层中或箱内后上部。利用一台小型风扇强迫箱内空气对流，以达到冷却的目的。我国间冷式冰箱的产量比较少。

直冷式与间冷式是电冰箱的两种冷却方法。直冷式电冰箱，是利用冰箱内空气自然对流的方式来冷却食品的。因为蒸发器常常安装在冰箱上部，蒸发器周围的空气要与蒸发器产生热交换，空气把热量传递给蒸发器，温度下降，密度增大，向下运动。冰箱内下部的空气与要被冷却的食品产生热交换，食品把热量传递给空气，空气得到热量后，温度回升，密度减小，又上升到蒸发器周围，把热量传递给蒸发器。冷热空气就这样循环往复地自然对流从而达到制冷目的。

所谓**绿色电冰箱**，就是不再将氟利昂用作制冷剂的电冰箱。这样，就避免了氟利昂对地球大气臭氧层造成破坏。为此，在绿色电冰箱中，

◀ 智能、绿色、个性化的电冰箱成了消费时尚

要选用不会破坏臭氧层的化学气体来代替氟利昂。最好的办法是另辟蹊径，干脆将制冷剂和压缩机、冷凝器、蒸发器等统统不要，应用半导体制冷器来制造电冰箱。

应用半导体制冷器的绿色电冰箱，不但彻底阻断了氟利昂破坏臭氧层的源头，而且它还具有制冷快、体积小、没有机械和管道、无噪声、可靠性高等优点，能方便地实现制冷和制热，有着十分广阔的发展前景。

现在的电冰箱采用新生双循环系统、变频压缩机、VIP真空隔热材料、无氟制冷剂及先进的生产工艺。

173

▶ 不再用氟利昂做制冷剂的电冰箱

微波炉的发展史

微波炉的发明者是美国的斯宾塞。1947年，雷声公司推出了第一台家用微波炉。可是这种微波炉成本太高，寿命太短，从而影响了微波炉的推广。1965年，乔治·福斯特对微波炉进行大胆改造，与斯宾塞一起设计了一种耐用和价格低廉的微波炉。1967年，微波炉新闻发布会兼展销会在芝加哥举行，获得了巨大成功。从此，微波炉逐渐走入了千家万户。由于用微波烹饪食物又快又方便，不仅味美，而且有特色，因此有人诙谐地称之为"妇女的解放者"。

◀ 早期的微波炉

第一台家用微波炉质量约340千克，体积同冰箱一样大。

一、能使物体发热的微波

▲ 微波炉的发明者——美国的斯宾塞

斯宾塞于 1921 年生于美国亚特兰大城。1939 年，他参加了海军，半年后因伤退役，进入美国潜艇信号公司工作，开始接触各类电器，稍后又进入专门制造电子管的雷声公司。由于工作出色，1940 年，他由检验员晋升为新型电子管生产技术负责人。天才加勤奋，使他先后完成了一系列重大发明，令许多老科学家刮目相看。当时，英国科学家们正在积极从事军用雷达微波能源的研究工作。伯明翰大学两位教授设计出一种能够高效产生大功率微波的磁控管。但当时英德处于决战阶段，德国飞机对英伦三岛狂轰滥炸。因此，这种新产品无法在国内生产，只好寻求与美国合作。

1940 年 9 月，英国科学家带着磁控管样品访问美国雷声公司时，与才华横溢的斯宾塞一见如故，相见恨晚。在共同的努力下，英国和雷声公司共同研究制造的磁控管获得成功。一次偶然的机会，斯宾塞萌生了发明微波炉的念头。1945 年，他观察到微波能使周围的物体发热。有一次，他走过一个微波发射器时，身体有热感，不久他发现装在口袋内的糖果被微波熔化。还有一次，他把一袋玉米粒放在波导喇叭口前，然后观察玉米粒的变化。他发现玉米粒与放在火堆前一样。第二天，他又将一个鸡蛋放在喇叭口前，结果鸡蛋受热突然爆炸，溅了他一身。这更坚定了他的微波能使物体发热的论点。

▲微波炉

雷声公司受斯宾塞试验的启发，决定与他一同研制能用微波热量烹饪的炉子。几个星期后，一台简易的炉子制成了。斯宾塞用姜饼做试验。他先把姜饼切成片，然后放在炉内烹饪。在烹饪时他屡次变化磁控管的功率以选择最适宜的温度。经过若干次实验，食品的香味飘满了整个房间。

二、微波炉工作原理

微波是指波长为 0.010 米～1 米的无线电波，其对应的频率为 300 兆赫到 300 吉赫。为了不干扰雷达和其他通信系统，微波炉的工作频率多选用 915 兆赫或 2450 兆赫。

微波炉是一种用微波加热食品的现代化烹调灶具。微波是一种电磁波。这种电磁波的能量不仅比通常的无线电波大得多，而且还很有"个性"，微波一碰到金属就发生反射，金属根本没有办法吸收或传导它；微波可以穿过玻璃、陶瓷、塑料等绝缘材料，但不会消耗能量；而含有水分的食物，微波不但不能透过，其能量反而会被吸收。

▲ 微波炉是一种用微波加热食品的现代化烹调灶具

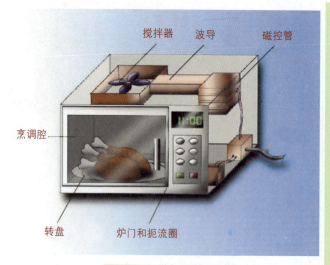

搅拌器　波导　磁控管

烹调腔

转盘　炉门和扼流圈

▲ 微波炉结构示意图

微波炉由电源、磁控管、控制电路和烹调腔等部分组成。电源向磁控管提供大约 4000 伏高压，磁控管连续产生微波，再经过波导系统，耦合到烹调腔内。在烹调腔的进口处附近，有一个可旋转的搅拌器，因为搅拌器是风扇状的金属，旋转起来以后使微波向各个方向反射，所以能够使微波能量均匀地分布在烹调腔内。微波炉的功率范围一般为 500 瓦～1000 瓦。

🎓 **考考你** ▶ 微波通常不会被什么吸收或传导？

▲ 一般微波炉都是由烹调腔侧面发射微波能量，而底转波汽蒸技术是采用先进的底部发射微波方式，使微波能量一经发射后直接作用于储水器的水，从而产生高温蒸汽，对食物进行由外而内的滋润性加热

烹调腔是把微波能变为热能对食品进行加热的空间。为了使烹调腔内的食物均匀加热，微波炉烹调腔内设有专门的装置。最初生产的微波炉是在烹调腔顶部装有金属扇叶，即微波搅拌器，以干扰微波在烹调腔中的传播，从而使食物加热更加均匀。目前，则是在微波炉的烹调腔底部装一只由微型电机带动的玻璃转盘，把被加热食品放在转盘上与转盘一起绕电机轴旋转，使其与炉内的高频电磁场做相对运动，来达到对炉内食品均匀加热的目的。国内独创的自动升降型转盘，使得加热更均匀，烹饪效果更理想。平板式烹调腔通过腔内壁对微波反射达到均匀加热的目的。

炉门 是食品的进出口，也是微波炉烹调腔的重要组成部分。对它的制作要求很高，绝对不能让微波泄漏出来。炉门由金属框架和玻璃观察窗组成。观察窗的玻璃夹层中有一层金属微孔网，既可透过它看到食品，又可防止微波泄漏。由于玻璃夹层中的金属网的网孔大小是经过精密计算的，所以完全可以阻挡微波的穿透。钛膜也多作为微波炉炉门的材料。

▲ 炉门开启

为了防止微波的泄漏，微波炉的开关系统由多重安全连锁微动开关装置组成。炉门没有关好，就不能使微波炉工作，微波炉不工作，也就谈不上有微波泄漏的问题了。

　　另外，为了防止在微波炉炉门关上后微波从炉门与腔体之间的缝隙中泄漏出来，在微波炉的炉门四周安装有抗流槽结构，或装有能吸收微波的材料，如由硅橡胶做的门封条，能将可能泄漏的少量微波吸收掉。抗流槽是在门内设置的一条异型槽结构，它具有引导微波反转相位的作用。在抗流槽入口处，微波会被它逆向的反射波抵消，这样微波就不会泄漏了。

　　由于门封条容易破损或老化而造成防泄漏作用降低，因此现在大多数微波炉均采用抗流槽结构来防止微波泄漏，很少采用硅橡胶门封条。抗流槽结构是从微波辐射的原理上得到的防止微波泄漏的稳定可靠的方法。

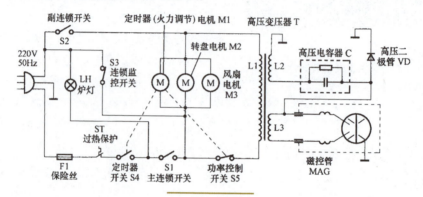

▲ 微波炉剖析图

▲ 利用微波激起物体内的水分子振荡摩擦来产生热量

磁控管是微波炉的心脏，微波能就是由它产生并发射出来的。磁控管工作时需要很高的脉动直流阳极电压和3伏～4伏的阴极电压。由高压变压器及高压电容器、高压二极管构成的倍压整流电路为磁控管提供了满足上述要求的工作电压。

考考你 ▶ 为什么要把微波炉摆放在离电视或收音机较远的位置？

▲ 微波炉要放置在通风的地方

低压电路。高压变压器初级绕组之前至微波炉电源入口之间的电路为低压电路，也包括了控制电路。主要包括保险管、热断路器保护开关、连锁微动开关、照明灯、定时器及功率分配器开关、转盘电机、风扇电机等。

定时器。微波炉一般有两种定时方式，即机械式定时和计算机定时。基本功能是选择设定工作时间，设定时间过后，定时器自动切断微波炉主电路。

功率分配器。功率分配器用来调节磁控管的平均工作时间（磁控管断续工作时，工作、停止时间的比例），从而达到调节微波炉平均输出功率的目的。机械控制式一般有3个～6个挡位，而计算机控制式微波炉可有10个调整挡位。

连锁微动开关。连锁微动开关是微波炉的一组重要安全装置。它有多重连锁作用，均通过炉门的开门按键或炉门把手上的开门按键加以控制。当炉门未关闭好或炉门打开时，电路断开，可使微波炉停止工作。

热断路器。热断路器是用来监控磁控管或烹调腔工作温度的组件。当工作温度超过某一限值时，热断路器会立即切断电源，使微波炉停止工作。

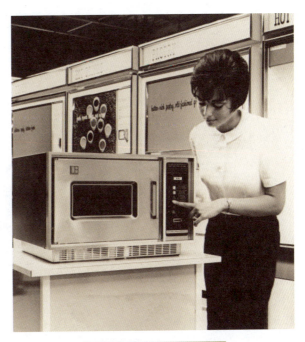

▲ 定期检查炉门四周和门锁

▶ 微波炉工作时会干扰电视或收音机的信号

科学发明发现的由来

三、微波炉的构造

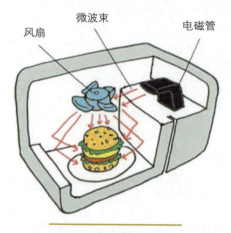

风扇　微波束　电磁管

▲微波炉内部结构示意图

①门安全连锁开关——确保炉门打开，微波炉不能工作，炉门关上，微波炉才能工作；

②视屏窗——有金属屏蔽层，可透过网孔观察食物的烹饪情况；

③通风口——确保烹饪时通风良好；

④转盘支承——带动玻璃转盘转动；

⑤玻璃转盘——装好食物的容器放在转盘上，加热时转盘转动，使食物烹饪均匀；

⑥控制板——控制各挡烹饪；

⑦炉门开关——按此开关，炉门打开。

微波加热的原理简单来说是当微波辐射到食品上时，食品中总是含有一定量的水分，而水是由极性分子（分子的正负电荷中心，即使在外电场不存在时也是不重合的）组成的，这种极性分子的去向将随微波场而变动。由于食品中水的极性分子的这种运动以及相邻分子间的相互作用，产生了类似摩擦的现象，使水温升高，因此，食品的温度也就上升了。用微波加热的食品，因其内部也同时被加热，整个物体受热均匀，升温速度也快。

▲ 让微波炉"空烧"是不允许的

考考你 ▶ 用微波炉加热带壳食物时，要做什么准备工作？

从无线电通讯到电器应用

四、微波炉的使用禁忌

忌用普通塑料作为加热容器：一是热的食物会使塑料容器变形；二是普通塑料会放出有毒物质，污染食物，危害人体健康。应使用专门的微波炉器皿盛装食物放入微波炉中加热。

忌用金属器皿作为加热容器：如放铁、铝、不锈钢、搪瓷等器皿，因为微波炉在加热时会与之产生电火花并反射微波，既损伤炉体又不能加热食物。

▲ 微波炉的加热容器必须选择专门的餐具

忌使用封闭容器作为加热容器：加热液体时应使用广口容器，因为在封闭容器内食物加热产生的热量不容易散发，使容器内压强过高，易引起爆炸事故。在加热带壳食物时，也要事先用针或筷子将壳刺破，以免加热后引起爆裂、飞溅而弄脏炉壁，或者溅出伤人。

忌超时加热：食品放入微波炉解冻或加热，若忘记取出，如果时间超过两小时，则应丢掉不要，以免引起食物中毒。

忌将肉类加热至半熟后再用微波炉加热：因为在半熟的食品中细菌仍会生长，使用微波炉二次加热时，由于时间短，不可能将细菌全部杀死。冰冻肉类食品须先在微波炉中解冻，然后再加热为熟食。

▲ 微波炉的加热时间要视材料及用量而定，还和食物新鲜程度、含水量有关

▶ 事先要将壳敲破

忌再冷冻经微波炉解冻过的肉类：因为肉类在微波炉中解冻后，实际上已将外面一层低温加热了，在此温度下细菌是可以繁殖的，虽再冷冻可使其繁殖停止，却不能将活菌杀死。已用微波炉解冻的肉类，如果再放入冰箱冷冻，必须加热至全熟。

忌加热油炸食品：因高温油会发生飞溅导致火灾。如万一不慎引起炉内起火时，切忌开门，而应先关闭电源，待火熄灭后再开门降温。

▲ 微波炉是最容易藏污纳垢的地方之一。污垢多了，不仅会影响食物的烹调，还可能引起火花或烟雾，使电磁辐射增加。因此，平时最好养成随时清洗的习惯

忌长时间在微波炉前工作：开启微波炉后，人应远离微波炉，距离至少在 1 米之外。

微波炉由于烹饪的时间很短，能很好地保持食物中的营养成分和天然风味。比如，用微波炉煮青豌豆，几乎可以使维生素 C 一点儿都不损失。另外，微波还可以消毒杀菌。

微波炉的 **电磁外溢** （由于采取了安全措施，这种外溢量很小）能造成永远不能愈合的烧伤；微波炉能把半径一定的磁场结构破坏；在微波炉附近，由于人体细胞振荡所产生的磁场会被扰乱。据美国研究人员试验，长时间待在微波炉旁会引起心跳变慢。一天工作完了就会感到全身疼痛，睡眠被扰乱，记忆力也会减退。

现在的微波炉大多已经不使用转盘了，最新款的微波炉使用了"过热水蒸气动力发动机"产生过热的水蒸气，搭配新型、3 层绝热结构及大涡扇发动机，加大热风量，可以使温度提高到 350℃。

电磁炉的研制

电磁炉又名电磁灶，是现代厨房革命的产物，它无须明火或传导式加热而让热直接在锅底产生，因此热效率得到了极大的提高，是一种高效节能厨具，完全区别于传统的有火或无火传导加热厨具。

▲ 电磁炉是真正属于那种既安全又实用的环保型绿色家电

一、电磁炉的工作原理

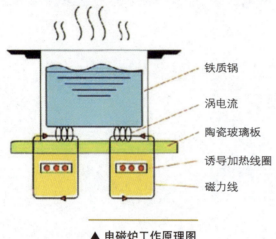

铁质锅
涡电流
陶瓷玻璃板
诱导加热线圈
磁力线

▲ 电磁炉工作原理图

电磁炉作为实用炊具是在 1971 年由美国西屋公司首次研制成功的。到 20 世纪 80 年代，电磁炉的各项技术日臻成熟，并以很快的速度向家庭普及。

日本在 1981 年开始向家庭普及使用电磁炉。据日本电机工业会 1987 年发表的统计资料表明，1985 年和 1986 年，日本的电磁炉产量分别为 13.3 万台和 10.0 万台。中国的电磁炉研制工作大约从 20 世纪 80 年代开始。1984 年 9 月中国科学院自动化研究所和北京机械工业自动化研究所先后推出我国第一代高频电磁炉。此后，国内许多厂家都在研制和生产电磁炉。

电磁炉 产生的"磁"绝大部分分布在锅底，形成闭合磁场。当锅具放在电磁炉上"工作"时，电磁炉所产生的闭合磁场强度在电磁炉边缘的最高值为 160 毫高斯，而使用手机时所产生的磁感应强度接近 1600 毫高斯，是电磁炉炉面边缘磁场的 10 倍，由此可见，电磁炉所产生的磁场对人体影响远不如手机。当锅具垂直离开电磁炉面板 3 厘米～5 厘米时，锅具超出了闭合磁场范围，不会再生热，同时电磁炉自动停止工作；闭合磁场范围之外的水平磁场非常微弱，大约占整个磁场能量的百分之零点零几，甚至接近于地球的磁场。当锅具的最小直径小于 8 厘米时，电磁炉也不能工作。所以，根本不用担心电磁炉的"磁"对人体的影响。

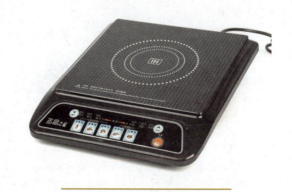

▲ 电磁炉是现代厨房革命的产物

考考你 ▶ 电磁炉的感应电流与所产生的热量有什么关系？

当电磁炉的一个回路线圈通过电流时，其效果相当于条形磁铁。因此线圈面有磁场的产生，也即有磁通量穿过。若所使用的电源为交流电，线圈的磁极和穿过回路面的磁通量都会产生变化。

当有一导磁性金属面放置于回路线圈上方时，此时金属面就会感应电流，即涡流，涡流会产生大量热能。

▲ 电磁炉具有节能的特点

▲ 电磁炉使用起来非常方便

感应的电流越大，则一定时间内这个**炉具**所产生的热量就越高，煮熟食物所需的时间就越短。要使感应电流越大，则穿过金属面的磁通量变化也就要越大。这样一来，原先通了交流电的线圈就需要越多匝数缠绕在一起。在烹煮食物时炉面不会产生高温，是一种相对安全的烹煮器具。

▶ 成正比

二、神奇的"绿色炉具"

目前，日本已研制开发出用微机编程自动控制的智能化电磁炉，以及可以用铝锅或铜锅的新式电磁炉。电磁炉在发展的过程中更加自动化、智能化、小型化、平民化。

因此，在电磁炉较普及的一些国家里，人们誉之为"烹饪之神"和"绿色炉具"。由于电磁炉是由锅底直接感应磁场产生涡流来产生热量的，因此应该选择对磁敏感的铁来作为炊具，由于铁对磁场的吸收充分，屏蔽效果也非常好，这样就减少了很多的磁辐射，所以铁锅比其他任何材质的炊具也都更加安全。此外，铁是对人体健康有益的物质，也是人体长期需要摄取的必要元素。

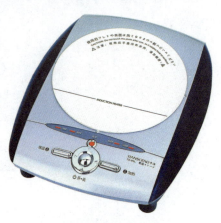

▲ 电磁炉高效、环保

▲ 电磁炉作为一种普遍的家用产品，除了要具有基本的加热功能外，它的安全性能及稳定性能是设计的关键

🎓 考考你 ▶ 电磁炉主要由哪两大部分构成？

从无线电通讯到电器应用

▼ 双头电磁炉

▲ 电磁炉具有过压、过热保护功能

▲ 电磁炉灶台

电磁炉主要由两大部分构成：

电子线路部分和结构性包装部分。电子线路部分包括功率板、主机板、灯板、线圈盘及热敏支架、风扇马达等。

结构性包装部分包括瓷板、塑胶上下盖、风扇叶、风扇支架等。

现在的电磁炉不仅有平面的炉面，而且有专门适用于爆炉、受热面积大、火力猛的凹弧受热面。除了高效均匀加热的特点外，还有精准火力、LED 清晰显示、安全童锁、机身专业防水等特点。

▶ 电子线路部分和结构性包装部分

空调**的**发展背景与特点

第一台真正的空调机是美国人开利于 1902 年发明的，但它的发明不是给人用的，而是给机器"享受"的。发明空调后，开利创办了现在世界上最大的空调公司之一：开利公司。现在家用空调已经真正走入了千家万户，空调不仅为人们营造了一个四季如春的环境，还使人们的工作效率大幅度提高。

▲ 空调使家庭四季如春

一、空调的起源

▲ 法拉第是伟大的科学家

在几千年前，波斯已发明一种古式的空气调节系统，利用装于屋顶的风杆，将外面的自然风穿过凉水并吹入室内，令室内的人感到凉爽。19世纪，英国科学家及发明家法拉第，发现压缩及液化某种气体可以将空气冷冻。1842年，佛罗里达州医生约翰·格里以压缩技术制造出冰块，并用作冷冻空气以吹向患疟疾与黄热病的病人。

美国人威利斯·开利1902年设计了第一个空调系统，1906年他以"空气处理装置"为名申请了美国专利。

开利的发明缘于一个印刷作坊。印刷机由于空气温度与湿度的变化使得纸张伸缩不定，油彩对位不准，印出来的东西模模糊糊。为此开利打开了空调机商业化之门。自那以后的20年间，开利的空调逐渐被用来调节生产过程中的温度与湿度，并进入

▲ 约翰·格里

▲ 威利斯·开利和他研制的机器设备

▲ 威利斯·开利

诸多行业，如化工业、制药业、食品业及军火业。空调发明后的 20 年间，享受空调的对象一直是机器，而不是人。

1922 年开利公司成功研制了在空调史上具有里程碑地位的产品——离心式空调机，简称离心机。离心机最大的特点是效率高，这为大空间调节空气打开了大门。从此，人成为空调服务的对象。空调实际上是通过影剧院得到普及的。20 世纪 20 年代的娱乐业一到夏天就一片萧条，因为没人乐意花钱买热罪受。1925 年的一天，开利与纽约里瓦利大剧院联手打出了保证顾客"情感与感官双重享受"的口号。那一天，里瓦利大剧院外人山人海，只不过几乎人人都带着一把纸扇以防万一。然而这些观众在跨入剧院大门的一刹那就被里边的清凉彻底征服了。

空调自此进入了迅猛发展的阶段。家用空调的研制始于 20 世纪 20 年代中期。1928 年开利公司推出了第一代家用空调。但因经济大萧条和第二次世界大战，直到 20 世纪 50 年代后期经济起飞，家用空调才开始真正走入千家万户。

▲ 空调是人们生活水平提高的一个标志

考考你 ▶ 世界上第一台家用空调是什么时候出现的？

二、空调的工作原理

空调的制冷原理：

空调器通电后，制冷系统内制冷剂的低压蒸汽被压缩机吸入并压缩为高压蒸汽后排至冷凝器。同时轴流风扇吸入的室外空气流经冷凝器，带走制冷剂放出的热量，使高压制冷剂蒸汽凝结为高压液体。高压液体经过过滤器、节流机构后喷入蒸发器，并在相应的低压下蒸发，吸取周围的热量。同时贯流风扇使空气不断进入蒸发器的肋片间进行热交换，并将放热后变冷的空气送向室内。如此室内空气不断循环流动，达到降低温度的目的。

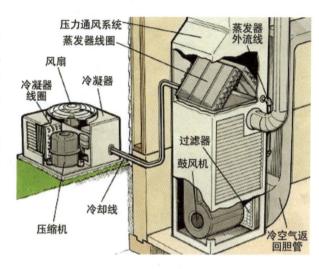

压力通风系统
蒸发器线圈
风扇
蒸发器外流线
冷凝器线圈
冷凝器
过滤器
鼓风机
冷却线
压缩机
冷空气返回胆管

▲ 空调制冷原理图

▲ 空调冷凝器用于制冷空调系统，管内制冷液直接与管外空气强制进行热交换，以收到制冷空气的效果

空调的制热原理：

热泵制热是利用制冷系统的压缩冷凝器来加热室内空气。空调器在制冷工作时，低压制冷剂液体在蒸发器内蒸发吸热，而高温高压制冷剂在冷凝器内放热冷凝。热泵制热是通过电磁换向，将制冷系统的吸、排气管位置对换。原来制冷工作蒸发器的室内盘管变成制热时的冷凝器，这样制冷系统在室外吸热向室内放热，实现制热的目的。

变频空调工作原理：

变频采用了比较先进的技术，启动时电压较小，可在低电压和低温度条件下启动，这对于某些地区由于电压不稳定或冬天室内温度较低而空调难以启动的情况，有一定的改善作用。由于实现了压缩机的无级变速，它也可以适应更大面积的制冷制热需求。

所谓的变频空调是与传统的定频空调相比较而产生的概念。众所周知，我国的电网电压为220伏、50赫兹，在这种条件下工作的空调被称为"定频空调"。由于供电频率不能改变，传统的定频空调的压缩机转速基本不变，依靠其不断地启动压缩机来调整室内温度，其一开一停之间容易造成室温忽冷忽热，并消耗较多电能。

▲ 变频空调由于拥有特殊技术，在一定程度上也成为出厂商技术程度成熟与否的标准

而与之相比，变频空调变频器改变压缩机供电频率，调节压缩机转速。依靠压缩机转速的快慢达到控制室温的目的，室温波动小，电能消耗少，使舒适度大大提高。而运用变频控制技术的变频空调，可根据环境温度自动选择制热、制冷和除湿运转方式，使居室在短时间内迅速达到所需要的温度并在低转速、低能耗状态下以较小的温差波动，实现了快速、节能和舒适控温效果。

▲ 太阳能空调的实现方式主要依靠太阳的热能进行制冷和供热，一般可分为吸收式和吸附式两种

太阳能空调工作原理：

所谓太阳能制冷，就是利用太阳集热器为吸收式制冷机提供其发生器所需要的热媒水。热媒水的温度越高，则制冷机的性能系数（又称 COP）越高，这样空调系统的制冷效率也越高。例如，若热媒水温度为60℃左右，则制冷机 COP 为 0 ～ 40；若热媒水温度为90℃左右，则制冷机 COP 为 0 ～ 70；若热媒水温度为120℃左右，则制冷机 COP 可达 110 以上。

实践证明，采用热管式真空管集热器与溴化锂吸收式制冷机相结合的太阳能空调技术方案是成功的，它为太阳能热利用技术开辟了一个新的应用领域。

🎓 考考你 ▶ 变频空调与定频空调相比有什么优势？

三、空调的种类

▲ 压缩机将制冷剂在制冷系统内进行制冷循环过程中，由蒸发器中蒸发吸热后的低温、低压饱和气体制冷剂，从蒸发器经吸气管（回气管）吸入压缩机压缩成高温高压气态制冷剂，并经过排气管排出，送入冷凝器冷却，再经毛细管降压节流后进入蒸发器蒸发，如此循环进行

家用空调：

目前比较受欢迎的冷暖空调主要有两种。一种是热泵型空调器，它是利用空调在夏季制冷的原理，即空调在夏季时，是室内制冷，室外散热。而在秋冬季制热时，方向同夏季相反，通过室内制热，室外制冷来达到制热的目的。它的优点是功效较高，缺点是适用温度范围较小，一般当温度在 −5℃ 以下时就会停止工作。还有一种是电辅热泵型空调器，即在热泵型空调器的基础上，增加电热元件，用少量的电加热来补充热泵制热时能量不足的缺点，既可有效地降低用单纯电加热的功率消耗，又能够达到比用单纯热泵大的适用温度范围。

近年来，随着空调行业技术的发展，冷暖空调的制热能力也取得了较大突破，特设了智能冰点制热系统和辅助电加热器，在阴冷的冬天，当室外处于超低温环境时，空调与暖气、取暖器一样可以营造出温和舒适的室内环境。为了提高空调热泵制热效果，新型空调采用了可控硅风扇准确调速，使冷暖型空调在0℃以下的低温环境下不用辅助电加热，也可以稳定**高效制热**，同时有效克服了一般空调在低温环境下热交换效率下降、室内机结冰、压缩机超载等弊端。

▲ 空调已经成为家庭必不可少的家用电器

▶ 耗电少，室温波动小

科学发明发现的由来

家用中央空调：

家用中央空调概念起源于美国，是商用中央空调的一个重要组成部分。家用中央空调将全部居室空间的空气调节和生活品质改善作为整体来实现，克服了分体式壁挂和柜式空调对分割室的局部处理和不均匀的空气气流等不足。通过巧妙的设计和安装可实现美观典雅和舒适卫生的和谐统一，是国际和国内的发展潮流。

▲ 家用中央空调室外机

▲ 柜机系列空调有强力制冷、制热的能力，辅助电加热功能，适于严寒地区使用

家用中央空调是由一台主机通过风道送风或冷热水源带动多个末端的方式来控制不同的房间以达到室内空气调节的目的的空调。采用风管送风方式，用一台主机即可控制多个不同房间，并且可引入新风，有效改善室内空气品质，预防空调病的发生。另可采用水系统，此种中央空调的调节方式是利用室外主机将冷却水通过水管送到不同区域连接的不同形式的末端，以调节室内温度。室内机可选择卧式暗装、明装吸顶、天花式、壁挂式等。各种风机盘管可独立控制。

家用中央空调所面对的消费群体主要是家庭住宅、别墅、宾馆、写字楼、店铺等。由于用户使用环境的多样性决定了家用中央空调室内机的多样性，用户可根据自己的需求任意选择不同款式的室内机，如柜机、嵌入机、吊顶机、风管机、导管暗藏式机等。

新式空调是无氟变频物联网空调，具有高清摄像 3G 眼。可远程监控家居环境，红外线传感器可感知人体存在。

▲ 室内机一般安装在远离卧室的门厅和走廊顶部，客厅和卧室内只有送风口（无噪声），而不像传统分体空调，每个房间都挂一个室内机。使用家用中央空调无噪声困扰，保证了宁静的居家环境

三好图书网
www.3hbook.net
好人·好书·好生活

我们专为您提供
健康时尚、**科技新知**以及**艺术鉴赏**
方面的**正版图书**。

入会方式

1.登录**www.3hbook.net**免费注册会员。
（为保证您在网站各种活动中的利益，请填写真实有效的个人资料）

2.填写下方的表格并邮寄给我们，即可注册
成为会员。
（以上注册方式任选一种）

会员登记表

姓名：_____ 性别：_____ 年龄：____

通信地址：_____

_____

e-mail：_____

电话：_____

希望获取图书目录的方式（任选一种）：

邮寄信件 ☐　　　　　e-mail ☐

为保证您成为会员之后的利益，请填写真实有效的资料！

会员优待

·直购图书可享受优惠的
折扣价
·有机会参与三好书友会
线上和线下活动
·不定期接收我们的新书
目录

网上活动

请访问我们的网站：
www.3hbook.net

新书热荐

品好书，做好人，享受好生活！

三好图书网
www.3hbook.net